COFF

커피에 대한 우리의 자세

THE NEW RULES of COFFEE

조던 마이켈먼 · 재커리 칼슨
켈시 로텐 일러스트

BOOKERS

CONTENTS

PROLOGUE 프롤로그

지금은 커피시대!

커피는 새로운 것이 아니다. 16세기 이래 인류는 꾸준히 커피를 즐겨왔으며, 그 기원은 수천 년 전으로 거슬러 올라간다. 당신은 어린 시절부터 커피를 마셔 왔을 수 있다. 가족들이 각자 어떤 식으로 커피 마시길 좋아했는지(크림은 넣는지 안 넣는지, 설탕은 넣는지 안 넣는지 매일 아침식사와 함께 마시는지 아니면 오후 간식으로 쿠키에 곁들이는지) 기억할지도 모른다. 그런데 지난 십년 남짓 동안 유서 깊은 이 음료에 아주 특별한 일이 일어났다. 스텀프타운Stumptown이나 블루보틀Blue Bottle 같은 선구자적 회사들이 커피의 품질과 커피 사업의 질적 향상을 이끌어냈고, 여기에 대중의 관심과 열정이 더해져 전 세계의 커피 러버들이 보지 않고 지나칠 수 없는 '커피의 황금기'가 도래했다. 커피는 과거 어느 때보 다도 맛있고 또 의미 있는 음료가 되었다. 커피를 만들고 또 즐기는 방법 역시 과거 어느 때보다도 다양하다. 우리 사회에서 커피의 위상은 점점 더 중요해지고 있다. 당신이 지구 어느 곳에 살든지, 아마 최근 집 근처에 커피를 파는 곳이 하나쯤 생겼을 것이다. 그건 우연이 아니다. 훨씬 더 큰 흐름의 일부다.

이 책, 『커피에 대한 우리의 자세(원제: *The new rules of coffee*)』가 지금 우리에게 꼭 필요한 이유가 있다. 이 책이 현대 커피 문화에 대한 유용한 안내서로 기능하며 커피라는 음료의 과거에 경의를 표함과 동시에 미래상을 제시할 수 있길 바란다. 당신이 프랜차이즈 카페의 펌킨 스파이스 라떼를 마시든, 희귀하고 이국적인 커피품종인 우쉬우쉬Wush Wush를 에어로프레스로 섬세하게 내려 마시든, 커피를 마시고 또 사랑하는 사람에게 있어 지금은 그 어느 때보다도 멋진 시대다.

우리 스프럿지Sprudge는 지난 십여 년간 오리건주 포틀랜드의 집에서, 카페에서, 커피 농장에서, 전 세계의 커피 축제에서, 매일같이 커피와 관련된 크고 작은 이야기를 공유해 왔다. 우리는 세계 각지에서 활동하는 수백 명의 리포터들과 함께 일하며 커피 이야기라면 어디든 쫓아다녔다. 그러길 수 년, 그간 커피에 관해 배운 것이 없지 않다. 이 책에서는 그러한 지식을 아낌없이 나누려 한다.

이 책에서 설명하는 55가지 태도Attitude에 우리가 들려줄 모든 것이 들어있다. 조언, 여행 팁, 커피가 실제로 무엇인가에 대한 배경 지식, 어째서 지금 그 어느 때보다도 커피가 중요한지와 그 이유까지. 우리는 이 책이 커피에 대한 새로운 열정에 불을 붙이리라고 자신하지만, 무엇보다도 이 책을 읽는 당신에게 약간의 충족감, 즐거운 순간, 웃음과 호기심의 기회를 제공할 수 있길 바란다. 마치 향긋한 커피가 그렇듯 말이다.

한국의 커피러버들에게

반갑습니다. 조던 마이켈먼과 재커리 칼슨입니다. 저희는 미국을 비롯해 전 세계의 독자를 지닌 커피 웹사이트 스프럿지Sprudge를 설립, 운영하고 있으며, 2009년 미국에서 스프럿지를 처음 발행한 이래, 전 세계의 리포터들과 함께 유럽, 호주, 아프리카, 남미, 아시아의 커피 문화를 기록해 왔습니다. 수년 간 우리는 정말 많은 커피에 대해 배웠고, 그 정보를 많은 사람들과 나눴습니다. 그리고 이 모든 것들은 이 책을 쓰는 데 밑거름이 되었습니다. 이 책이 한국어로 출간되는 것은 우리에게 엄청난 기회이며 자존심의 근원입니다. 한국은 전 세계적으로 대단히 커피를 사랑하는 나라 가운데 하나이기 때문에, 한국어로 출간되는 것은 저희에게 매우 반가운 일입니다. 더불어 한국의 커피러버들에게도 무척 흥미로운 순간이 될 것입니다.

한국의 음식, 음악, 디자인, 패션은 모두 전 세계적인 주목을 받고 있습니다. 뉴욕, 런던, LA의 많은 최고급 레스토랑이 한국으로부터 영감을 받는 일은 결코 우연이 아닙니다. 미국인 대부분, 더 나아가 전 세계인이 한국 문화에 빠져있습니다. 우리는 각지의 커피문화를 탐험하고 기록하는 우리의 일을 통해 서울을 방문하고 멋진 문화와 도시를 직접 체험할 수 있는 기회를 가졌습니다. 그때 본 한국인의 커피에 대한 사랑, 커피 문화를 즐기는 열정은 그 누구에게도 뒤지지 않았습니다. 그러한 사실에 경의를 표할 수 있길 바랍니다.

우리의 커피에 대한 즐거운 이야기를 통해 당신들이 보다 커피를 즐기기 위한 실용적인 정보를 가득 찾길 바랍니다. 그리고 당신이 커피에 대해 새롭게 생각하고 더 진한 인상을 받길 바랍니다. 당신이 세계 어디에 있든, 당신이 사용하는 언어 또는 당신의 문화, 커피에 대한 사랑은 우리 모두를 하나로 묶어 줍니다. 그리고 커피라는 공통된 소재를 통해 오늘날 당신과 나눌 수 있다는 것이 진정 영광스럽습니다.

즐겁게 마시고 함께 읽으세요!
그리고 당신이 마실 커피를 위해-! 짠!

조던 마이켈먼과 재커리 칼슨
2019. 2

커피를 생활의 일부분으로
만드는 것은
커피를 인생의 일부로
만든다는 것이다.

1

AROUND THE WORLD
세계에서

커피는 과일이다

Attitude 1

우리가 갈고, 내리고, 마시는 로스팅한 원두는 과육에 감싸인 씨앗으로 시작된다. 커피속Coffea의 커피나무는 종자나무로, 커피체리라고 흔히 부르는 달콤하고 붉은 열매를 맺는다. 이 열매의 씨앗이 흔히 말하는 커피콩으로, 자그마한 체리 씨앗처럼 체리 과육 한가운데서 자란다. 이것을 가공하고 전 세계로 수출하여 로스팅하고, 우려내어 맛좋고 각성 효과가 있는 음료로 만들어 마시는 것이다. 가공되기 전의 커피콩은 마치 파이에 넣는 견과류와 더 비슷하게 생겼다.

커피속은 분류학적으로 꼭두서니과Rubiaceae에 속해 있는데, 여기 속한 식물에는 작은 교목과 현화관목이 있다. 커피나무의 종류는 몇 가지가 있지만, 이 책에서는 음용 커피에 가장 많이 사용되는 두 가지 품종만 설명하려 한다. 바로 코페아 아라비카Coffea Arabica와 코페아 카네포라Coffea canephora다. 아라비카를 중심으로 풍미에 중점을 둔 고급 커피가 만들어지며, 실제로 커피의 품질을 나타내기 위해 '아라비카 100%'라는 표현을 아직도 쓴다. 다만 정말 좋은 카페에서는 100% 아라비카라는 것이 당연하게 여겨져 굳이 강조하지 않는다. 아라비카는 단작물로 기후나 토양 등에 민감하여 재배하기 까다롭고, 병해에 약하다. 그러나 잘만 관리한다면 엄청나게 맛있는 커피를 생산할 수 있다.

가공되기 전의 커피콩은 마치 파이에 넣는 견과류와 더 비슷하게 생겼다.

카네포라는 분류학상의 명칭인 로부스타Robusta로 더 잘 알려져 있다. 로부스타는 튼튼하며, 병해에 걸려도 상당히 잘 견디고, 비교적 키우기 쉽다. 아라비카의 약 2배의 카페인을 함유하고 있으나 다소 맛이 덜하다(전통적으로 눌어붙은 고무 맛에 비유되어 왔다). 전통적인 이탈리아식 에스프레소에서 맡을 수 있는 진한, 자동차의 테레빈유 냄새를 아는가? 이것이 로부스타다! 그러나 이 책의 취지에 맞추어, 우리는 커피 농학자와 전문가들이 로부스타의 품질을 개선하기 위해 세계 각지에서 노력함에 따라 로부스타를 둘러싼 견해들이 새로이 쓰이고 있다는 것을 알아야 할 것이다. 현재에는 아라비카종이 스페셜티 커피 업계의 고품질에 대한 기준이지만, 한 십년 정도 지나면 어떻게 될지는 모를 일이다.

와인용 포도와 마찬가지로, 아라비카 및 로부스타 품종도 저마다 전형성(품종과 재배 지역에 따라 가지게 되는 포도의 고유한 특징을 가리키는 와인 업계 용어)과 유전적 다양성을 가지고 있다. 아라비카는 자가 수분과 유전자 변이를 할 수 있다. 따라서 고급 커피 업계에서는 아라비카종에 속한 다양한 품종이 갖는 저마다의 특성에 점점 더 관심이 모이고 있다. 잘 알려진 아라비카 품종으로는 버번Bourbon, 티피카Typica, 카투라Caturra, 파카마라Pacamara 등이 있지만 재배종의 수는 무척 많다. 예를 들어 샤르도네 와인과 피노 누아 와인은 그 향미 프로파일도 다르고 잘 자라는 조건도 다르며 당연히 서로 다른 취향을 만족시킨다. 커피 재배종도 마찬가지다. 오늘날 커피 애호가들은 재스민 꽃향이 인상적인 게샤Geisha, 과테말라에서 발견된 티피카 변종인 파체Pache, 심지어는 에티오피아에서 처음 발견된(혹은 처음 재배된?) 희귀한 품종이지만 현재에는 콜롬비아에서도 잘 자라는 우쉬우쉬Wush Wush와도 사랑에 빠질 수 있다.

그럼에도 불구하고, 결국 이것은 씨앗이 들어있는 작은 과일에 대한 이야기다.

커피 재배 지역과 가공 스타일, 향미 노트

커피는 다양한 환경에서 생존할 수 있는 훌륭한 관목으로, 가정용 화초로도 손색이 없다! 하지만 가장 고품질의 커피는 열대 지방, 특히 북회귀선과 남회귀선 사이에 적도를 낀 지역에서 자란다. 열대 기후 및 높은 고도는 최고급 커피의 완벽한 성장 조건이다. 예외도 있고 저품질 커피가 아주 잘 자라는 곳도 있지만, 기본적으로 가장 훌륭한 커피가 자라는 지역은 아프리카 동부, 미대륙, 아시아 태평양 지역이며 오늘날 커피 전문점에서 찾아볼 수 있는 커피는 이 지역에서 생산된 것이 대부분이다.

우리는 지금까지 커피 맛의 특성은 본질적으로 세계 지리에 묶여 있다고 생각해 왔다. 이 발상은 스타벅스가 1990년대에 유행시킨 '커피여권Coffee Passport 프로그램'에 의해 대중적으로 퍼졌다. 오늘날 이 개념은 시대착오적인 것으로 평가받는다. 케냐, 브라질 등 세계 각지에서 재배되는 커피에 대해서 대략적인 향미 특성을 말할 수는 있겠지만, 현대의 커피 농장들은 커피를 재배하고 가공하며 건조시키는 방식에 대해 점점 더 많은 정보를 얻고 있으며, 이런 정보는 어떤 국경보다도 훨씬 맛에 영향을 미친다. 수출 과정이 더 투명해지고 추적 가능해지면서, 커피 향미 특성은 요즘 미기후microclimate와 농가별로 다른 조건 및 관행의 문제 등으로 즉 일반화할 수 없는 것으로 여겨진다. 케냐에 있든 브라질에 있든 커피 장인들은 저마다 각자의 방식으로 가공한다.

세계의 주요 커피 재배지

볼리비아	부룬디
브라질	코스타리카
콜롬비아	에콰도르
콩고민주공화국	에티오피아
엘살바도르	아이티
과테말라	온두라스
하와이	인도네시아
인도	케냐
자메이카	니카라과
멕시코	파푸아뉴기니
파나마	르완다
페루	태국
탄자니아	예멘

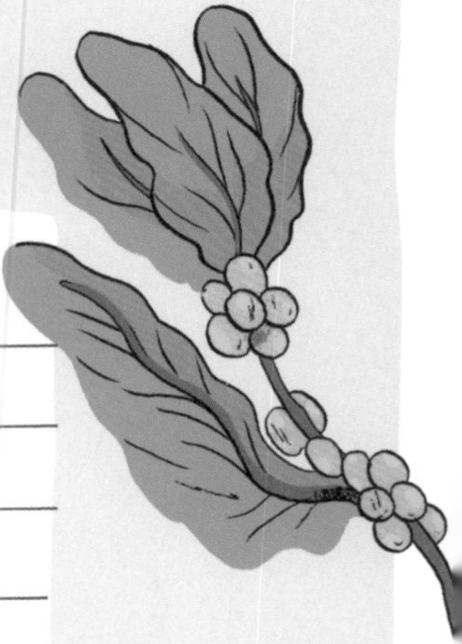

세계의 커피 재배 국가들

미국
멕시코
베네수엘라
콜롬비아
에콰도르
페루
브라질
파라과이
쿠바
도미니카
공화국
아이티
과테말라
온두라스
푸에르토리코
니카라과
엘살바도르
코스타리카

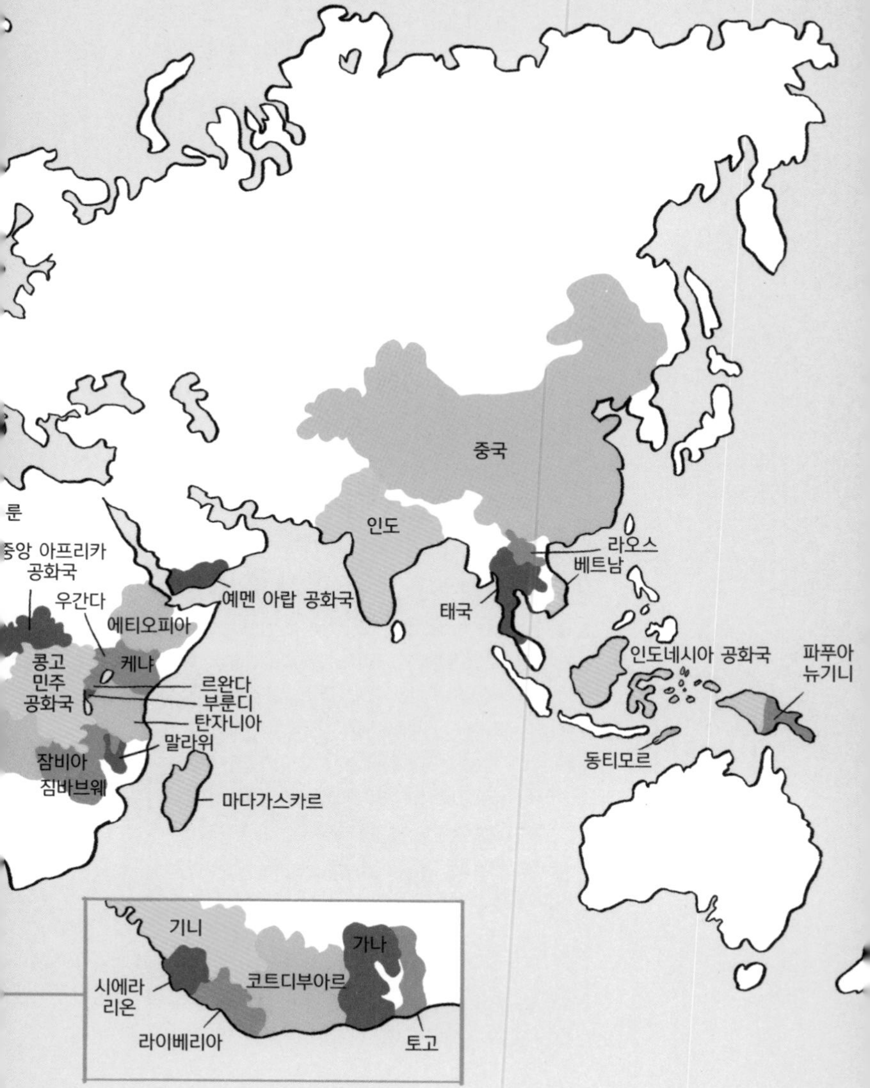

룬
중앙 아프리카
공화국
우간다
에티오피아
예멘 아랍 공화국
콩고
민주
공화국
케냐
르완다
부룬디
탄자니아
말라위
잠비아
짐바브웨
마다가스카르
중국
인도
라오스
베트남
태국
인도네시아 공화국
파푸아
뉴기니
동티모르
기니
가나
시에라
리온
코트디부아르
라이베리아
토고

ETHIOPIA
에티오피아
AUSTRALIA
오스트레일리아

커피는 세계적인 상품이다

Attitude 2

좋아하는 동네 카페에 들러 그곳에서 마실 수 있는 다양한 커피를 둘러보라. 무엇이 보이는가? 에티오피아, 케냐, 콜롬비아, 르완다. 잔에 따르면 모두 똑같은 갈색 액체처럼 보인다. 그러나 장담하건대 모든 커피가 같은 것은 아니다. 21세기에 커피 소비를 가능케 하는 커피 작물의 유통망은 실로 놀라울 정도다. 당신이 뉴욕이나 시애틀에 산다면 커피를 마시는 것은 특별히, 그 지역에서 생산되거나 국산식품만 먹는, 로카보어locavore한 일이 아니다. 최종으로 소비되는 장소 가까이에서 이루어지는 것은 로스팅 정도일 것이다. 나머지 과정은 수천 킬로미터 떨어진 경작지에서 이루어지며 여기서 재배된 커피는 신중하게 가공되어 수출용으로 판매되어 거대한 화물선에 선적된다. 그런 다음 가장 가까운 주요 항구로 배달되어 로스터리에 생두Green coffee로 판매된다.

커피의 여정에는 수천 가지 변수가 도사리고 인프라 문제에서도 이동 온도, 아주 복잡한 수입 관세에 이르기까지 도중에 잘못될 수 있는 일이 백만 가지는 존재한다. 커피가 무사히 우리에게 도달한다는 것 자체가 기적이나 다름없다. 그만큼 커피를 마시는 것은 우리가 매일 하는 일 중 가장 글로벌한 일이다.

커피를 마시는 것은 우리가 매일 하는 일 중 가장 글로벌한 일이다.

커피의 역사는 식민지의 역사다

Attitude 3

커피를 마시는 일은 우리의 일상에서, 자동차에 기름을 넣는 것 외에, 가장 식민주의적인 태도이다. 커피가 국제적인 상품이 된 것은 식민주의의 결과물이라고 볼 수 있기 때문이다. 커피의 역사(즉, 커피가 어떻게 전 세계로 퍼졌는지, 어떻게 재배되는지, 어디에 심어지는지) 역시 인류사의 어두운 시기와 깊이 연관되어 있다.

본래 에티오피아와 예멘의 토종 식물이었던 커피는 16세기 이래로 제국주의와 신 엘리트 사회의 문화에 긴밀히 연결된 국제적 수출 작물이 되었다. 네덜란드인들은 커피를 에티오피아에서 인도네시아에 위치한 자신들의 식민지로 가져갔다. 프랑스인들은 마다가스카르 연안의 섬에서 최근에는 아이티를 비롯한 카리브해 연안의 식민지로 가져갔다(참고로 최근 아이티에서는 커피무역이 다시금 부상하고 있다). 포르투갈인들은 커피를 브라질로 가져갔고, 브라질에서의 성공으로 라틴아메리카 전역에서 대지주들은 커피 작물을 경작하고 교배했다.

커피는 경작지와 소비지가 멀리 떨어져 있는 작물이며, 그 여정에는 수많은 사람들이 함께한다.

커피의 식민화를 보드게임 리스크랜드의 게임판과 같은 세계 지도에서 이루어지는 글로벌한 작물 게임이라고 생각하기 쉽다. 하지만 이런 사고방식은 커피 생산 이면에 담긴 인간적 요소를 무시하는 것이다. 이러한 '커피 식민지'에서 바뀐 것은 지역의 농업뿐만 아니라 커피를 재배하기 위해 동원된 사람들의 삶이다. 커피는 경작지와 소비지가 멀리 떨어져 있는 작물이며, 그 여정에는 수많은 사람들이 함께한다.

커피 열매를 먹고 춤을 추던 염소부터 커피 열매를 도둑질한 수도사들에 이르기까지, 우리를 시험하고 또 고민케 하는 커피의 깊은 역사에 빠져들고 싶다면 마크 펜더그라스트의 책 『매혹과 잔혹의 커피사(원제: *Uncommon Grounds*)』를 추천한다.

모든 커피는 인간이 키운다

Attitude 4

우리는 자신이 섭취하는 음식, 입는 옷, 읽는 책 등 소비재의 대부분에서 인간적 요소를 배제해 버린다. 이런 태도를 타파하고자 현대에는 일련의 움직임을 보이고 있다. 우리가 먹고 마시는 음식, 와인, 맥주, 빵을 만드는 사람들과 소비자를 다시금 연결하려는 것이다. 그들은 어쩌면 우리의 이웃사촌일수도 있고 가까운 농장에서 차를 타고 지역 시장에 부스를 설치하는 사람들일수도 있다. 이러한 네트워크는 사실 손에 잡힐 듯 가깝다.

그러나 커피는 종종 소비되는 곳에서 수천 킬로미터 떨어진 곳에서 재배되며, 이로 인해 커피를 마시는 사람과 커피를 재배하는 사람은 단절된다. 반대의 경우도 마찬가지다. 이러한 격차를 줄이고자 하는 움직임은 현대 커피의 지난 20년 간의 중추적인 비전이자 최대의 업적이라고 할 수 있으리라. 사실상 전혀 새롭지 않지만, 우리가 이 책을 통해 강조하고 싶은 새로운 태도 중 하나가 이것이다. 커피는 '줄곧' 인간이 길러 왔다. 다만 우리가 최근 들어서야 커피 재배자들을 와인 양조자나 요리사들을 대할 때와 같은 존중과 존경심으로 대하게 되었을 뿐이다. "커피에서 무슨 맛이 나는지 우리가 그토록 신경 쓴다면, 커피가 어떻게 자라나고 누가 그걸 재배하는지 신경쓰는 게 마땅하다"는 발언은 지극히 논리적이다.

네트워크는 사실
손에 잡힐 듯 가깝다.

커피 재배자는 장인이다

Attitude 5

품종 개량, 가공 과정, 수확 방법을 비롯해 커피 생산에 들어가는 모든 세부 사항에 대해 논할 때, 이러한 결정을 커피 생산국에 사는 사람들이 내린다는 점을 인식해야 한다. 와인 양조자가 조심스럽게 포도를 재배하고 양조하고 병입하여 훌륭한 와인을 생산하면, 우리는 그 양조자를 장인이라고 부른다. 커피 생산자에게도 동일한 존중이 필요하다.

이렇게 재배자를 장인으로 인정하는 것의 의미는 전에 없이 중요하다. 커피 가격이 오르고 고급 커피에 대한 수요가 증가하면서 경작에서의 커피의 입지도 바뀌고 있다. 한때 세계의 가장 가난한 지역에서 실용작물로 여기던 것이 이제는 빼어난 아름다움을 지니고 높은 가격을 부를 수 있는 장인 정신의 산물로 그 값어치를 인정받고 있다.

와인 양조자가 조심스럽게 포도를 재배하고 양조하고 병입하여 훌륭한 와인을 생산하면, 우리는 그 양조자를 장인이라고 부른다.

당신이 이 책에서 무엇을 얻어가든, 우리는 당신이 마시는 커피를 재배하는 사람들에 대해 더 적극적으로 생각하고 배워야 한다고 강하게 믿는다. 여느 와인 양조자, 직판장에 나오는 농민, 제빵사와도 마찬가지로 커피 재배자들은 장인이며 그들의 작업은 우리 인생에 맛있는 기쁨을 선사한다.

요즘 가장 멋진 카페는 커피 생산국에 있다

Attitude 6

벨루오리존치에서 나이로비, 파나마 시티에서 키갈리에 이르기까지, 신세대 커피 전문가들이 커피 생산국은 커피콩 생산만을 위해 존재한다는 인습적인 관념을 뒤집고 있다. 이전에는 커피 원산지로만 알려졌던 나라에 흥미진진한 커피 전문점들이 우후죽순 생겨나고 있고, 이 추세는 멈출 기미가 보이지 않는다.

수백년 동안 커피는 A지점에서 재배되어 B지점으로 이동되어 소비되는 패턴을 가진, 본질적으로 식민주의와 연관된 작물이었다. 차와 와인과 같은 다른 기호품과 달리, 재배되는 커피 중 가장 좋은 것은 수출용으로 표시되며 재배지 근처에 사는 사람들이 마시는 커피는 그곳에서 출하되는 커피에 비하면 무척 급이 떨어지는 것이었다. 그러나 이것은 빠르게 변화하고 있다. 커피 생산지에서 얻을 수 있는 자원과 정보가 발전했으며 이러한 지역의 문화에서 커피가 차지하는 위상이 달라졌기 때문이다. 이 현상을 한 가지 요인으로만 설명할 수는 없지만, 우리는 커피 생산지를 여행하는 중 수많은 젊은이들이 인터넷을 통해 커피에 대해 배웠으며 지역 사회에 투자하는 커피 수입업자와 구매자들과 함께 지속적이고 뜻깊은 관계를 형성함으로써 커피 지식을 쌓는 것을 보았다.

차나 와인과 달리, 최상등품 커피는 대부분 수출된다.

저마다 다른 이야기를 품고 있지만 그중 하나만 풀어 보자. 우리의 친구 길버트 가탈리Gilbert Gatali는 가족과 함께 1990년대 초에 르완다 대학살을 피해 망명했다가 2000년대 후반에 르완다로 귀국하여 고향에서 수출되는 커피의 품질을 향상시키기 위해 노력해 왔다. 오늘날 길버트는 키갈리에서 성공적으로 커피 사업을 하고 있으며 국제 커피 행사의 단골 참석자다. 그의 아이들이 자라게 될 르완다는 커피를 수출하기 위해서만 커피나무를 재배하는 르완다가 아닐 것이다. 그들은 아름다운 모국에서 재배되는 커피를 귀중하고 존경할 만한 작물로 여기며 자랄 것이다.

이러한 변화를 바탕으로 이제까지 커피나무 경작지로만 알려져 왔던 나라에서 더 좋은 커피 전문점, 더 좋은 커피 습관이 생기게 된다. 콜롬비아, 브라질, 케냐, 르완다, 인도네시아의 젊은이들은 근처에서 자라는 멋진 커피를 가지고 고품질 작물에 대한 비할 데 없는 접근성을 약속하는 커피 농민들과 좋은 관계를 형성하고 있다. 커피 생산지에서 지역 농산물을 소비하자는 팜 투 테이블 운동이 이루어진다고 상상해 보라. 무척 흥미진진한 현상이다. 머지 않아 세계 최고의 커피를 마시려면 커피를 재배하는 나라를 방문해야 하는 세상이 올지도 모른다.

최고의 와인을 마시려면 파리, 최고의 차를 마시려면 타이페이를 방문해야 하듯이 말이다.

이 주제에 대해 포괄적인 목록을 작성하는 것은 불가능하지만, 지난 몇 년간 우리는 스프럿지에 커피 생산국의 카페에 대한 특집 기사를 십수 편 게재했다. 요즘 우리가 가장 좋아하는 커피 전문점들을 여기에 정리해 둔다. 커피 생산의 본거지에서 독특한 경험을 제공하는, 현대적인 디자인과 고급 서비스를 갖춘 공간들이다.

스프럿지가 가장 좋아하는 커피 생산국의 커피 전문점

콜롬비아 메델린	페르가미노Pergamino
브라질 벨루오리존치	웁 커피Oop coffee
르완다 키갈리	카페 네오Cafe neo
엘살바도르 산살바도르	비바 에스프레소Viva espresso
멕시코 멕시코시티	치키티토 카페Chiquitito cafe
인도네시아 덴파사르	망시 커피Mangsi coffee
케냐 나이로비	피츠 카페Pete's cafe

가공은 중요하다

Attitude 7

우리가 갈아서 마시는 커피콩은 사실 콩이 아니라 커피체리의 씨앗이다[Attitude 1 참조]. 이 씨앗을 얻기 위해서 전 세계의 커피 생산자들은 다양한 도구와 기법을 활용하여 과육을 제거한다. 커피체리가 익으면 열매를 수확하는데, 손으로 하는 곳도 있고 기계식 수확기로 하는 곳도 있다. 일단 커피체리를 수확하고 나면 복잡한 과정을 거쳐 그것을 열매에서 수출 가능한 커피 생산품으로 만든다. 커피가 처리되는 방식은 그 맛에 극적으로 영향을 미칠 수 있다. 좋아하는 카페나 대형마트에서 보는 커피에 워시드Washed 혹은 내추럴Natural이라고 써 있는 게 처리 과정을 가리키는 것이다.

일단 커피체리를 수확하고 나면 복잡한 과정을 거쳐 그것을 열매에서 수출 가능한 커피 생산품으로 만든다.

커피체리 가공에는 두 가지 방법이 있다. 내추럴 공법은 커피를 가공하는 가장 오래된 방법이며, 특히 건기가 뚜렷한 곳에서 전 세계적으로 여전히 실행되고 있다. 에티오피아는 특히 내추럴 가공 커피로 유명하다. 내추럴 원두는 커피체리를 건포도처럼 건조시킨 후 중력을 이용하여 씨앗과 과육을 분리하는 기계를 이용하여 얻는다. 내추럴 가공은 적절한 햇빛과 건조한 환경이 필수적이며 신중하게 실행하면 깔끔하고 복잡한 한 잔을 얻을 수 있다. 내추럴 공법은 워시드 공법보다 훨씬 물을 덜 사용하지만, 품질을 보장하기 위해서는 많은 인내심과 감독이 필요하다.

다른 한 종류의 주요한 가공법은 워시드 공법이다. 현대 스페셜티 커피 시장에서 조금 더 많이 선택되는 스타일이다. 워시드 공법의 스타일은 세계 각지에서 광범위한 차이를 보이지만, 모두 물을 이용하여 씨앗이 마르기 전에 과육을 완전히 제거한다는 공통점이 있다. 워시드 커피는 기계를 이용하여 체리 과육을 제거한다. 달콤하고 끈적끈적한 점액질은 일부 남겨져 물통 안에서 발효 시간을 갖게 된다. 그후 커피를 말리고 점액질 부분 역시 벗겨낸다. 이 과정에는 알맞은 설비, 다량의 물, 신중한 계량이 필수적이며 내추럴 공법보다 일반적으로 더 깔끔한 맛의 커피를 만들어낸다고 한다. 이 과정을 거쳐 얻는 최종 결과물을 생두라고 한다. 커피로 만들기 위해 로스팅되기 전 상태로 수출된다.

위의 과정 중 일부 또는 전부를 활용하는 다양한 방법이 세계 각지에서 실시되고 있으며, 많은 농장이 작물의 맛을 시험하고 변형하기 위한 실험 프로젝트를 실행하고 있다. 어떤 공정을 사용하든, 이 과정은 커피의 맛을 결정짓는 요소라 할 수 있다.

워시드 커피라고 꼭 깔끔하지는 않으며 내추럴 커피라고 꼭 거친 것은 아니다

Attitude 8

내추럴 공법을 사용한 커피는 커피체리와 씨앗이 서로 오랫동안 접촉하기 때문에 아무래도 워시드 공법보다 과일향이 씨앗에 더 많이 스며드는 게 사실이다. 내추럴 공법에 대해서는 최고 수준 커피 전문가들 사이에서도 의견이 분분하다. 어떤 전문가는 이 공법 자체에 결함이 있다고 주장하기도 한다. 내추럴 커피가 제대로 생산되지 않으면 과육이 건조하는 대신 부패되어 결과물에 좋지 않은 맛을 남길 수 있다는 것이다(우리는 썩은 바나나 냄새나 아기 기저귀 냄새가 나는 컵도 시음해 보았다).

워시드 커피는 수확 즉시 과육과 씨앗을 분리하므로 이러한 오염의 가능성을 배제한다. 또한 워시드 커피의 '씻어낸다'는 어감이 아무래도 깨끗함을 연상시키는 것 역시 사실이다!

하지만 당신이 독특한 걸 좋아하는 취향이라면 내추럴 커피가 마음에 쏙 들 수도 있다. 내추럴 공법은 최근 들어 다시 부상하고 있는데, 이 공법이 환경에 미치는 영향이 적다는 점과 풍부한 커피의 향미를 높이 사는 바이어와 로스터들의 영향이다.

당신이 독특한 걸 좋아하는 취향이라면 내추럴 커피가 마음에 쏙 들 수도 있다.

카스카라, 커피 껍질로 만든 차

커피체리는 그 자체로 아주 만족스러운 과일은 아니다. 더운 날 쉬면서 커피체리 한 봉지 즐길 만한 그런 과일은 아니라는 것이다. 우리가 보통 먹는 과육이 두툼한 레이니어 체리와 달리 커피체리는 대부분이 껍질과 씨앗으로 이루어져 있으며 달고 맛있는 점액질은 얇은 층으로 존재한다. 세계 대부분의 지역에서 씨앗을 제외한 부분, 즉 과육은 버려지거나 퇴비로 활용된다. 그러나 예멘이나 에티오피아 등지에서는 커피체리의 막과 껍질을 말려서 허브 및 향신료와 함께 우려내어 차와 비슷한 독특한 음료를 만든다. 케쉐르Qesher라고 부르는 이 음료는 수 세기 동안 예멘에서 사랑받아 왔다.

아이다 바틀Aida Batlle을 위시한 중앙아메리카의 커피 생산자들은 2000년대 초에 이것과 사랑에 빠졌고 지금은 커피 무역상에 말린 커피 껍질, 즉 카스카라를 팔고 있다. 말린 열매는 찻잎처럼 우려내어 마실 수 있으면 과실 향이 뚜렷하다. 커피의 품질과 가공 방식에 따라 귤이나 자스민, 희미하게 흙이나 담배 향이 날 수 있다.

창의적인 요리사들은 카스카라를 요리 재료로 사용하기 시작했다(전문점에서 카스카라 버터, 카스카라 잼, 카스카라 밀가루를 찾아볼 수 있다). 믹솔로지스트 칵테일 전문가들은 뉴웨이브 칵테일 레시피에 카스카라 시럽을 활용하며, 에너지 음료 회사 역시 관심을 보인 바 있다. 카스카라 시장은 확장하고 있다.

조던과 재커리가 경험한 매우 특별한 카스카라 차 레시피

2인 기준

거의 알려지지 않은 사실이지만 2009년에 스프럿지를 런칭했을 때 우리가 마시고 있던 건 커피가 아닌 카스카라였다! 그 운명적인 날에 마신 음료 레시피를 여기 공개한다.

카스카라 1¼ 큰 스푼 / 20g 정도(듬뿍)
물 1½ 컵 / 350g , 약 98℃로 가열
야생 꿀 한 찻숟가락

케멕스 또는 기타 내열 유리 용기에 카스카라, 물, 꿀을 섞는다. 5분간 우려낸 다음 걸러 따라낸다. 뜨겁게 마시거나 상온까지 식힌 후 얼음과 함께 마신다. 참고로, 카스카라 사그라다cascara sagrada라는 허브 추출물과 혼동하지 말 것. 카스카라 차는 '우려먹는 커피 열매' 라고 판매될 때도 있다.

다크 로스트와 진한 커피는 다르다

Attitude 9

알려진 것과는 달리, 오래 로스팅한 다크 프렌치 로스트 커피가 라이트 로스트보다 진한 것은 아니다. 미디엄 로스트 커피보다 딱히 더 세지 않다는 것이다. 애초에 커피의 '진하기'를 어떻게 정의할지도 합의되지 않았기 때문에 이러한 정보들을 해석하기에 어려움이 있다. 커피가 진하다는 것은 맛이 쓰거나 강하다는 뜻일까? 혹은 맛의 복합성을 가리키는 말인가? 카페인 함량으로 커피의 진하기가 결정되나? 혹은 단순히 커피와 물의 비율, 우리가 커피를 내릴 때 사용하는 커피의 양에 달려 있는가?

커피의 쓴맛에 대한 문제일까? 이 경우엔 확실히 다크 로스트다. 쓴맛을 내고 싶다면 다크 로스트일수록 좋다. 풍미의 복잡성에 대한 얘기라면, 수상자는 미디엄 로스트일 것이다. 미디엄 로스트 커피는(로스팅 과정에서 얻은 맛이 아니라), 커피 그 자체에 함유된 맛이 강조된다. 미디엄 로스트 커피는 복잡한 맛이 두드러진다. 반면 다크 로스트의 경우 쓴맛이 두드러진다.

우선 커피의 진하기를 정의하는 방법에 동의하는 사람은 아무도 없는 것 같다.

카페인 함량? 이 경우 잔에 따라 달라지므로 어느 하나를 가릴 수 없다. 카페인 함량은 로스트보다는 커피음료 자체에 좌우된다. 다크 로스트 커피보다 라이트 로스트 커피에 더 많은 카페인이 들어있다는 최근 연구는 아직 충분히 조사되지 않았으며, 사실상 로스팅 과정에서 카페인이 얼마나 손실되는지도 완전히 밝혀지지 않았다.

혹은 커피가 진하다는 것은 단지 농도가 진하다는 것, 즉 사용된 커피의 양이 많다는 걸 뜻하는가? 이 경우라면 로스트는 중요하지 않다. 커피 대비 물의 비율이 높다면 커피의 농도도 짙다(더불어 로스팅 스타일과는 상관없이 카페인이 더 많이 함유된다).

이 다양한 기준 중 어느 하나가 더 중요할 수도 있다. 아침 회의가 있다면? 카페인이 많이 든 커피가 필요할 수 있다. 혹은 그냥 쓴맛 나는 커피를 좋아할 수도 있고! 하지만 단어를 둘러싼 논쟁에 사로잡히기보다는 커피의 맛 자체와 이야기에 더 집중해야 한다고 믿는다. 가끔은 힘보다 머리를 써야 할 때가 있으니까.

산미는 좋은 것이다

Attitude 10

오, 산미acidity. 무척 곤란하고도 잘못 이해되기 쉬운 말이다. 산미는 우리가 사랑하는 음식과 음료에 필수적인 존재다. 퍼석퍼석하고 아무 맛도 안 나는 사과를 먹어본 적 있는가? 사과 특유의 향을 내기 위해 필요한 사과산이 부족했을 것이다. 어쩌면 오래된 오렌지로 만든 주스가 불쾌하고 들척지근하기만 했던 경험이 있을 수도 있다. 상큼한 맛을 주는 데 필요한 구연산이 부족했을 테다. 이러한 산을 포함해 여러 성분이 우리의 커피에도 들어있다. 원두 포장지에 적힌 독특한 향미 노트(블루베리, 오렌지 필, 스위타르트 젤리, 네슬레의 과자인 바나나맛 런트 초콜릿 크림 파이니 하는 것 말이다)를 내는 게 바로 이 산이다.

사람들은 산미가 덜한 콜드브루 커피에 열광한다. 저온에서는 커피 특유의 향미를 내는 맛좋은 산이 많이 우러나지 않거나, 우러나더라도 두드러지지 않는다. 바로 이 점 때문에 콜드브루는 많은 팬을 거느리지만, 동시에 많은 커피 전문가에게 외면받는다. 많은 사람들에게 커피의 생명은 산미이기 때문이다. 설익거나 가볍게 로스팅한 커피는 신맛이 날 수 있다. 단맛 없이 시기만 한 것은 끔찍하다(레몬 조각을 베어먹는다고 상상해 보라). 그러나 산미가 단맛과 균형을 이룰 때는 그보다 아름다운 것이 없다.

산미는
우리가 사랑하는
음식과 음료에
필수적인 존재다.

로스팅은 왜 하는가?

우리 모두가 알고 사랑하는 커피는 로스팅한 커피콩으로 만든다. 볶지 않은 생두는 초록색이고, 밀도가 높으며 딱딱하고, 마시기에 좋지 않다. 로스팅은 커피 원두를 갈기 쉽고 음료로 만들었을 때 맛좋도록 변화시키는 작업이다. 적어도 보통은 그렇다.

로스팅의 스타일과 정도는 다양하다. 대용량 상업용 로스터는 5분 안에 커피를 볶을 수 있다. 스페셜티 로스터는 로스팅에 좀 더 시간이 걸린다. 커피 고유의 향을 끌어내기 위해 열과 공기 흐름을 세밀하게 조절해야 하기 때문이다.

일반적으로 수준 높은 커피 로스트는 그 정도를 세 가지로 나눌 수 있다. 라이트, 미디엄, 다크 로스트가 그것이다. 라이트 로스트 커피는 산미, 즉 신맛이 좀더 난다. 신중하게 처리된 라이트 로스트 커피는 이러한 산미가 기분 좋은 단맛과 조화롭게 어우러진다. 미디엄 로스트 커피는 약간 쓴맛이 도는 로스트 향미

로스팅 단계

생두

옐로잉(황화)

를 보인다. 다크 로스트 커피의 경우 원두 고유의 향은 거의 사라지고 로스팅 과정에서 얻은 향미만 남아있다. 다크 로스트 커피는 커피크림이나 설탕을 곁들였을 때 훌륭하다.

미국에서는 스타벅스를 설립한 네덜란드 출신 실업가 알프레드 피트Alfred Peet와 제자들의 노력으로 1960년대 이래 다크 로스트 커피가 인기를 얻었다. 오늘날 트렌디한 커피숍 중 다수(노르웨이의 팀 웬델보Tim Wendelboe와 스웨덴의 코피Koppi를 포함하여)가 좀더 가벼운 로스팅을 추구하고 있다. 본래 과일이라는 커피의 정체성을 좀더 살리는 방식으로 맛을 내는 것이다. 물론 대다수는 그 사이, 즉 스타벅스만큼 짙지는 않지만 현재 북유럽에서 인기있는 것만큼 가벼운 로스트는 아닌 로스팅을 선호한다. 커피와 관련된 다른 모든 것과 마찬가지로, 결국 취향의 문제다.

2

AT HOME

집에서

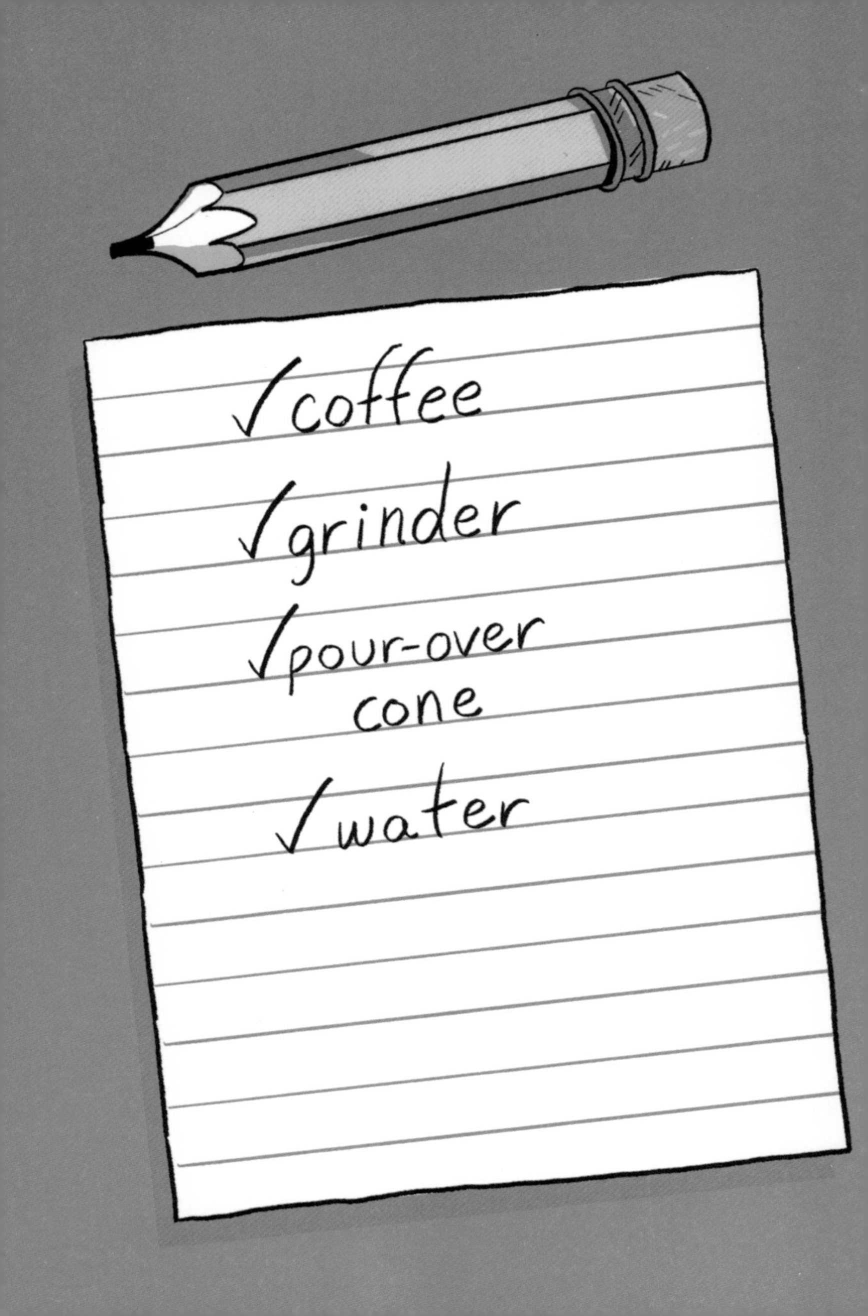
✓coffee
✓grinder
✓pour-over cone
✓water

집에서 맛있는 커피를 만들기 위해 대단한 장비를 갖출 필요는 없다

Attitude 11

이건 사실이다. 집에서 맛있는 커피를 만들기 위해서는 다음 네 가지 물건 혹은 그와 유사한 것이 있으면 충분하다.

품질 좋고 신선한 커피 | 이건 완전히 당신의 취향에 달렸다. 맛이 강렬한 다크 로스트를 좋아하는 사람도 있고, 품종과 테루아의 특성을 살린 가볍고 달콤한 커피를 좋아하는 사람도 있다. 다만 커피는 꼭 신선해야 한다! [Attitude 17 참조] 커피의 맛에 원두 선도는 무척 중요하다. 괜찮은 품질의 신선한 커피는 보통 약 340그램짜리 한 봉지에 약 1만 3천~2만 8천 원 정도 할 수 있다. 지구 반대편에 사는 장인들이 재배해 엄격하게 관리하여 대양을 건너와 또 다른 장인들이 로스팅한 제품이라는 걸 고려하면, 커피 가격은 전혀 비싸게 느껴지지 않을 것이다.

품질 좋고 신선한 커피는 봉지당 1만 3천 원에서 2만 8천 원 정도다.

그라인더 | 그래, 당신은 원두를 사서 직접 갈아 마실 것이다. 우리의 목표인 커피를 맛있게 즐기기 위해서는 꼭 필요하다. 미리 분쇄한 커피는 금세 신선도가 떨어져 맛이 나빠진다. 구체적으로 말하자면 버burr 그라인더를 사도록 하자. 이것은 얼마쯤 떨어져 있고 그 간격을 조절할 수 있는 두 개의 날카로운 금속이 그 사이를 지나는 원두를 부수어 빻는 형식의 그라인더를 말한다. 한편 칼날이 달려서 원두를 자르는 종류도 있다. 이런 블레이드 그라

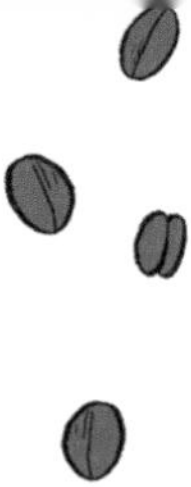

인더는 소형 믹서와 닮았다. 이미 집에 향신료용 그라인더가 한 대 있을지도 모른다. 고급 전동 버 그라인더를 수백 달러 들여 장만해도 되고, 입문자용 모델을 선택해도 된다. 바라짜 엔코Baratza Encore 제품의 경우 10만 원을 살짝 넘는 정도다. 이 가격이 부담된다면 5만 원 정도 하는 하리오 미니 밀Hario Mini Mill 등 수동 그라인더를 사도 된다(수동 그라인더의 추가적인 장점은 작고 운반하기 쉬워서 휴가지, 캠핑 여행 또는 엄마 집에 갈 때 유용하다).

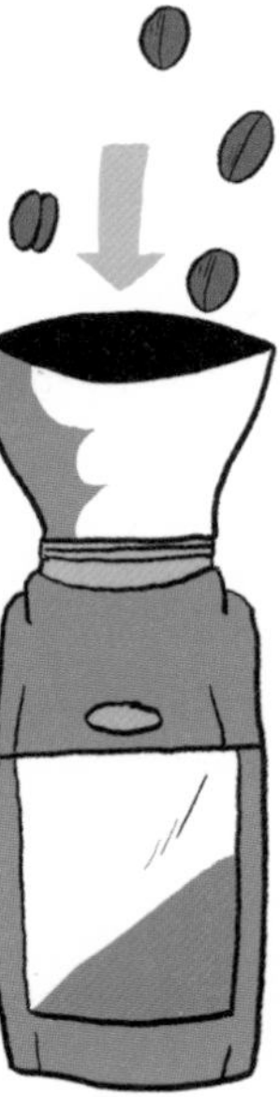

커피 추출 도구 | 이것도 개인의 취향에 따라 갈릴 수 있다. 우리도 집에서 필터 커피(다들 알고 사랑하는 전동식 커피메이커 말이다)를 잔뜩 우려두곤 한다. 당신을 위해 이 책을 쓰느라 바빠 한 잔씩 내릴 시간이 없으니 말이다. 10만 원대 정도 하는 보나비타Bonavita의 커피포트는 5잔 정도 나오고 아주 괜찮다. 이 기계는 미리 설정된 추출 시간에 맞춰 커피가루에 균일하게 일정한 온도의 물을 뿌려 주며, 사용자는 커피와 물의 양을 조절하여 서로 다른 음료를 만들 수 있다. 보나비타의 홈브루어는 기능적으로 준수하지만 우리가 보기에는 썩 아름답지는 않다. 주방도구를 장만하는 데 미적 측면을 중요하게 여기는 편이라면 테크니봄Technivorm이나 레이시오Ratio 같은 브랜드에서 나온 좀더 보기 좋은 커피포트를 살 수도 있다. 두 브랜드의 제품은 보나비타와 마찬가지로 일정한 온도의 물을 미리 정해진 시간 동안 원두에 골고루 뿌려준다. 차이점은 디자인이 아름답다는 것 정도다. 테크니봄의 모카마스터Moccamaster 홈브루어 커피포트는 알록달록한 색상으로 나온다(이 책을 쓴 우리 둘 중 하나는 이 제품을 '밀레니얼 핑크' 색상으로 가지고 있다). 레이시오는 브라질우드와 같은 이국적인 느낌의 재질을 포함하여 다양한 목재 질감의 모델을 내놓고 있다. 핸드브루를 하고자 한다면 하리오Hario나 멜리타Melitta 같은 브랜드에서 나

온 기본적인 브루잉 콘(커피 추출용 깔때기)가 1만 원 선에서 시작한다. 에어로프레스AeroPress의 브루 플런저(피스톤형 추출기구)는 5만 원 정도다. 아름다운 케멕스Chemex 추출기는 대략 7만 원 정도 한다(이것은 와인 디캔터나 꽃병으로 사용해도 손색이 없다). 이 책의 뒷부분 Attitude 23과 Attitude 24에서 자동 추출과 수동 추출의 장단점을 설명하도록 하겠다.

뜨거운 물 | 커피광들의 대화에서 커피를 둘러싼 물의 과학은 뜨거운 감자다. 확실히 말할 수 있는 건 카페모카 맛이 우유에 좌우되는 것과 마찬가지로 커피를 내릴 때 사용하는 물 역시 커피 맛에 영향을 준다는 것이다. 처음에는 생수를 사다가(혹은 소마Soma나 브리타Brita 등 가정용 필터 정수기를 사용해도 좋다) 시작하는 게 좋다. 더 깊이 들어가고 싶다면 서드 웨이브 워터Third Wave Water를 비롯하여 커피 추출을 위해 특별히 고안된 캡슐을 판매하는 브랜드도 있다. 물을 데울 방법도 필요하다. 가정용 커피포트를 사용한다면 이 부분은 전자동화의 기적으로 말미암아 신경쓸 필요가 없겠다. 핸드 브루잉, 즉 수동 추출의 경우 이미 가지고 있는 찻주전자도 딱 좋지만 하리오Hario, 다카히로Takahiro, 브루이스타Brewista 등 여러 브랜드에서 나온 커피 전용 주전자는 테크닉 향상에 도움이 되어 더

좋은 커피를 만들 수 있게 한다. 길쭉한 주둥이 탓에 구스넥(거위 목) 주전자라고도 하는 이 주전자는 5만 원선에서 시작한다. 최악의 경우는 어떤가? 전자레인지에 물을 데우는 것도 방법이지만 이렇게 하면 통제할 수 있는 부분을 많이 놓치게 되고 너무 뜨겁거나 미지근한 물을 쓰게 된다.

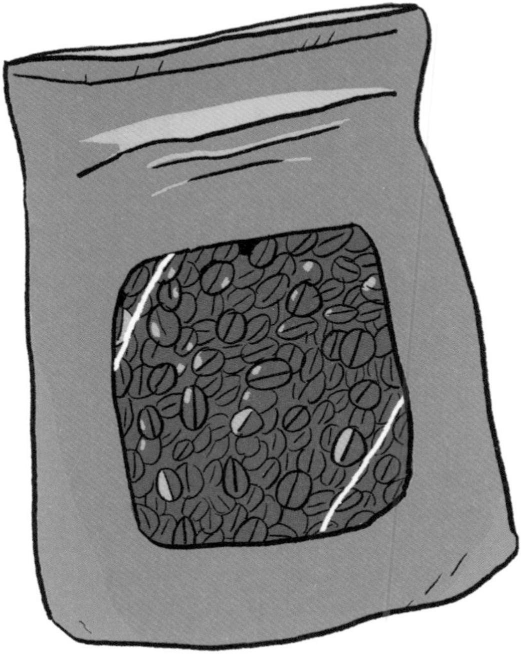

중급 커피학: 추출의 과학

아무 커피가루에 적당히 뜨거운 물을 붓고 거기서 만들어진 음료를 커피라고 부를 수는 있다. 하지만 우리는 이래선 안 된다고 본다. 훌륭한(하다 못해 남에게 대접할 수 있는!) 커피를 만드는 데는 과학적인 이해가 필요하고, 커피와 물이 섞이는 것은 다양한 변수에 영향 받을 수 있다.

물의 온도는 중요하다. 일반적으로 업계에서는 섭씨 90~96도의 물을 권장한다. 물이 그보다 뜨거우면 커피가 쓰고, 그보다 미지근하면 커피가 제대로 추출되지 못한다. 끓는 물은 사용하지 말자(너무 뜨겁다!).

수질 또한 중요하다. 칼슘 함유량 등 물의 경도, 알칼리도 및 pH, 나트륨 함량, TDS(미네랄 함량 수치를 나타냄)가 허용 범위 안에 들어와야 한다. 이런 이상적인 수질의 물을 갤런(gal) 단위로 파는 가게도 있다. 서드 웨이브 워터Third Wave Water [54 페이지 참조]라는 회사는 증류수를 처리하는 캡슐을 판매하며 이것이 커피 추출을 위한 완벽한 물이라고 주장한다.

전 세계 수돗물의 화학적 구성은 천차만별이다. 샌프란시스코에서는 빵 맛이 좋고, 피자는 뉴욕이 최고이며, 커피 추출은 시애틀에서 가장 용이하다고들 하는 이유가 여기 있다. 커피 과학자들은 역삼투압과 미네랄 첨가 등을 통해 커피에 함유된 화학물질과 가장 잘 반응하는 분자 구성을 만드는 해결책을 찾았다. 하지만 모닝 커피를 마시기도 전부터 실험 노트 필기를 하는 취미가 없다면 그냥 여과수를 사용하자. 감사는 나중에 받겠다.

세 번째 요소는 커피를 분쇄하는 방법이다. 버 그라인더는 커피 입자를 좀더 균등하게 갈아주어 일관적인 추출을 가능케 한다. 입자 크기가 일정하지 않으면 일부는 과도하게 추출되고 일부는 제대로 추출되지 않는다. 과도한 추출은 쓴 커피로 이어진다. 반면 추출이 부족하면 신맛의 커피가 나온다. 오븐에 넣을 쿠키 반죽의 크기가 들쑥날쑥하다고 생각해 보라. 어떤 것은 설익고 다른 것은 타버릴 것이다. 균일하게 접근하는 것이 최선이다.

타이밍이 무엇보다 중요하다. 푸어오버 방식의 경우 물과 커피의 접촉 시간은 중력에 의해 제어된다. 커피가 너무 거칠게 분쇄된 경우에는 물이 빨리 흘러 나와 추출이 연하게 된다. 반대로 입자가 너무 미세하면 물이 커피와 너무 오래 접촉하여 쓴 커피가 나온다. 홈브루잉에서 보편적으로 약속된 분쇄 크기는 없다. 전체 과정에서 가장 중요한 변수 중 하나이며 많은 실망을 안겨줄 수도 있다. 제대로 하고 있다는 확신을 가지려면 시행착오만이 방법이다. 미세한 조정이 큰 차이를 만들 수 있다.

집에서 맛있는 에스프레소를 내리는 건 생각보다 돈이 든다

Attitude 12

앞서 언급했던 태도(집에서 맛있는 커피를 만들기 위해 대단한 장비를 갖출 필요는 없다)에서 중요한 예외 사항은 바로 에스프레소다. 먼저 우리는 에스프레소를 소량의 고농축 커피로 정의할 수 있다. 특수 제작된 기계를 사용하여 커피가루 사이로 뜨거운 물을 빠르게 밀어내어 에스프레소 샷을 내린다. 에스프레소는 특별한 원두가 아니다. 커피를 추출하는 특수한 방법이다. 집에서 고품질 에스프레소를 만들려면 입문 비용만 해도 수백만 원에서 시작되며 얼마든지 그보다 비싸질 수 있다. 왜냐하면 고급 에스프레소 머신에 들어가는 기술과 제어 능력은 비유하자면 전투기나 경주용 자동차에서 볼 수 있는 기술과 같아서, 집에서 따라하기란 쉽지도 저렴하지도 않기 때문이다. 애호가용 오디오 시스템, 와인 셀러, 기타 돈 먹는 하마들처럼 에스프레소는 취미로 시작하여 삶의 방식이 되곤 하며 어떤 사람들에게는 결코 충족되지 않는 집착이 되기도 한다.

에스프레소는
특별한 원두가 아니다.
커피를 추출하는
특수한 방법이다.

에스프레소 추출 과정의 모든 부분에 돈이 들어가는데, 좋아하는 카페에서 마시는 에스프레소를 집에서 따라하는(심지어는 집에서 그보다 나은 걸 만드는) 것이 목적이라면 그 어느 부분도 소홀히 할 수 없다. 먼저 '진짜' 가정용 에스프레소 머신이 필요하다. 조잡한 핸드 프레스, 허울 좋은 '올인원' 기계, 캡슐 머신은 진짜가 아니다. 우리는 지난 수년간 가정용 에스프레소 머신에 대한 여러 비교 연구를 수행했는데, 우리가 찾은 가장 저렴한 시판 제품은 1백여 만 원이였다. 제대로 된 그라인더(설정을 조정할 수 있는 버 그라인더에 [Attitude 11 참조], 여러 샷을 빠르게 갈아서 추출할 수 있도록 전동이면 더 좋을 것이다)도 장만해야 하는데, 이렇게 되면 또 수십만 원이 추가된다. 고급 모델을 찾는다면 내장 저울, 더 정밀한 분쇄 및 계량 설정, 에스프레소 포타필터를 위한 맞춤 거치대 등 자잘한 추가 기능에 따라 백만 원대로 진입할 수 있다.

오백만 원 이상의 넉넉한 예산과 매일 거기에 매달릴 수 있는 시간이 있다면(다양한 샷을 시음하고, 분쇄 크기를 조정하고, 기타 커피 추출 변수를 바꿔 보는 등) 집에서도 꽤 좋은 에스프레소를 만들 수 있을지 모른다. 그러나 이건 쉽지도 싸지도 않을 것이다. 그렇지 않은 다른 사람들은, 글쎄, 카페에서 봅시다!

커피 장비를 청소해야 한다

Attitude 13

우리의 현대적인 생활을 이루는 모든 것은 이따금씩 청소가 필요하다. 차, 집, 옷 등 즐거움을 극대화하기 위해서는 깨끗하게 관리해야 하는 것들이다. 청결은 커피 장비에 특히 중요하며 커피러버들이 집에서 가장 간과하기 쉬운 것이다. 카페에서 만드는 커피가 집에서 보다 맛좋은 이유 중 하나는 깨끗한 장비다. 커피숍에서는 하루에 적어도 한 번 장비를 청소하는데, 이건 생각보다 쉬운 일이다.

커피는 복잡한 분자 구성을 가졌다(로스팅한 커피는 800가지 이상의 휘발성 화학 물질을 함유하고 있다). 이러한 커피를 분쇄하여 뜨거운 물과 섞으면 끈적이며 얼룩이 남는 부산물을 많이 만들어낸다. 커피 자체에 함유된 오일, 특히 다크 로스트는 분쇄기에 달라붙어 막히게 할 수 있고, 물에 녹아 있는 칼슘과 마그네슘이 굳어 추출 도구 내부에 물때를 형성할 수 있다.

로스팅한 커피에는 800가지 이상의 휘발성 물질이 들어 있다.

우어넥스Urnex 및 카페토Cafetto와 같은 브랜드는 커피 잔여물을 없애기 위해 특별히 고안된 제품을 판매하며, 대형마트에 가면 커피 관련 상품 매대에서 필터나 원두 옆에 이런 제품이 진열된 걸 볼 수 있을 것이다. 어떤 제품은 특수한 고형물을 그라인더에 가는 것으로 유분을 제거하고 기능을 복원할 수 있다. 또 다른 제품은 물때와

커피 찌꺼기를 잘 불려서 떨어져 나가도록 하는 원리를 사용한다. 어느 것도 특별히 비싸거나 어렵지는 않다.

생각해 보면 말이 되는 일이다. 그릇, 유리컵, 냄비와 프라이팬을 설거지한다면 당연히 커피 도구도 관리해 줘야 하는 법이다. 3~6개월에 한 번만 씻어 줘도 놀라운 효과를 볼 수 있다. 당신이 집에서 커피를 잘 만들고 싶다면 우리가 할 수 있는 가장 간단하고도 중요한 규칙이 바로 이것이다. 깨끗하고 준정기적으로 도구를 관리하는 것을 당신의 홈 카페를 즐기는 데 생활의 일부로 만들자.

분쇄하지 않은 원두가 더 좋다

Attitude 14

가능한 한 원두를 분쇄하지 않은 상태로 유지하자. 원두는 커피가루보다 훨씬 오래 간다. 원두는 미세하게 갈린 커피가루보다 표면적이 적기 때문에 커피에 생명력을 부여하는 중요한 향미 물질이 손실되는 정도가 덜하다.

산소와 습기는 커피 신선도를 해치는 주범인데, 커피가루는 커피 맛을 나쁘게 하는 이 성분에 완전히 노출되고 만다. 분쇄하지 않은 원두는 한 달 가까이 신선함을 유지할 수 있지만, 커피가루는 며칠 안에 빛을 잃고 말 것이다.

분쇄된 커피를 구입하는 게 훨씬 용이하다는 건 인정한다. 커피 맛은 나쁠지언정 카페인 섭취에는 그만일 것이다. 하지만 원두를 사용하고 그때그때 필요할 때마다 분쇄하는 것은 커피 맛을 향상시키고 또 오래 신선한 상태로 유지할 수 있어 궁극적으로는 더 즐겁게 커피를 마실 수 있을 것이다.

분쇄하지 않은 원두는 한 달 가까이 신선하고 생기있게 유지된다.

좋아하는 커피 스타일을 찾아보자

Attitude 15 맛있는가? 그렇다면 당신 스타일의 커피를 찾아낸 것이다!

이 얼마나 간단한 일인가. 궁극적인 기준은 맛이며, 이것은 사람마다 취향이 다르다. 당신이 사는 도시에서 가장 트렌디한 카페에서 일하는, 힙스터풍으로 꽁지머리를 묶은 밀레니얼 세대의 바리스타가 진짜로 가장 맛있는 커피를 만든다고 주장하지 않겠다. 당신이 진하고 강한 커피를 좋아한다면 그런 커피를 생산하는 로스터리가 있을 테고, 좀 더 가볍고 독특한, 꽃이나 생강 사탕을 연상시키는 차 같은 커피를 원한다면 요즘 트렌디한 로스터리에서 얼마든지 찾을 수 있을 것이다. 대다수의 사람들은 그 중간에 있다. 머핀이나 티라미수와 잘 어울리는 풍성하고 균형 잡힌 커피를 원한다.

궁극적인 기준은 맛이며, 이것은 사람마다 취향이 다르다.

이를테면, 당신이 커피에 깊게 빠져들수록 당신은 일상적으로 마시는 모닝 커피가 중남미 지역에서 주로 생산된다는 걸 알게될 것이다. 이런 커피는 대체로 워시드 공법으로 처리되었으며[Attitude 7 참조], 티피카 혹은 카투라와 같은 아라비카 품종이고[Attitude 1 참조], 100점 만점인 점수표에서 84~86점 정도의 성적을 낸 커피다. 즉, 적당히 고급이지만 최상급은 아니다. 제대로 된 그리고 품질을 중요시하는 스페셜티 커피 로스터라면 누구나 이런 스타일을 한 종류는 구비할 것이다.

거기서부터는 당신에게 달렸다. 전율이 일게 하는 묵직하고 특이한 커피를 마시고 싶은가? 케냐나 내추럴 가공된 에티오피아 커피에서 찾아보자. 아니면 이탈리아식 다크 로스트 에스프레소 순수주의자인가? 이런 커피를 마시려면 밀라노로 날아가는 수밖에 없다고 생각하는 사람도 있지만, 각 나라에도 이러한 취향을 고려하는 카페들이 있다. 며칠씩 당신을 잠재우지 않은 아주 어두운 지옥의 로스트를 찾고 있는가? 어쩌면 당신은 로부스타 마니아가 될지도 모른다. 부디 당신의 수면 패턴에 자비를 베푸시길.

완전히 길을 잃었더라도 괜찮다. 이것저것 맛보다 보면 금방 길을 찾을 수 있을 것이다. 지역 카페 중 대중에게 공개된 커핑Cupping 행사를 운영하는 곳이 있나 살펴보자. 커핑은 전문가들이 커피의 생산 이력과 나라별 향미를 확인하는 작업으로, 견학하다 보면 로스팅과 커피 제조에 대해 배울 수 있을 것이다. 인터넷 검색으로 흥미로운 브랜드의 제품을 주문해 집에서 사용해 볼 수도 있다. 디자인을 보고 선택하는 건 잘못이 아니다. 대부분의 경우 멋진 디자인은 브랜드가 실력 있는 디자이너를 고용할 만큼 정성을 들인다는 뜻이며, 제품의 질에도 기대를 가져볼만 하다.

정해진 답은 없으며 우리가 선호하는 것을 당신에게 전수하기 위해 이 책을 쓰는 것도 아니다. 오늘날 커피가 이토록 다양한 맛을 제공한다는 점은 실로 놀랍다. 좋아하는 것을 찾기 위해 탐색하는 것도 즐거움의 일부다.

바리스타와의 대화에 필요한 커피 용어

여느 고급 식음료 문화와 마찬가지로, 커피 문화에도 고유의 언어가 있다. 그리고 커피의 맛이 퍽 주관적이기는 하지만, 커피를 논하는 데 자주 사용되는 정형화된 향미Flavor 목록과 그밖의 용어를 알아두는 것은 본인이 무엇을 좋아하는지 이해하고 다른 사람에게 설명하는 데도 도움이 된다. 스페셜 커피 협회Specialty Coffee Association는 커피 향미를 표현할 수 있는 100가지 이상의 표현을 목록화하여 플레이버 휠Flavor wheel을 만들었다. 고급 스페셜티 커피에서 자주 찾아볼 수 있는 향미는 캐러멜, 초콜릿, 땅콩, 석류, 블루베리, 체리, 재스민, 감귤류 등이다. 이러한 향미는 대부분 커피의 품종, 재배, 또는 로스팅의 결과에 따라 드러나는 맛이다. 바리스타에게 커피 추천을 요청할 때 다음 요소를 염두에 두자.

산미Acidity | 당신이 좋아하는 과일 특유의 맛을 내는 유기산이 커피에도 존재한다. 구연산은 커피에 특색있는 감귤향을 부여하고, 사과산(말산)은 사과나 배의 향미 노트를 드러낼 수 있다. 내추럴 공법으로 처리된 커피는 밝고 즙 많은 과육을 연상시키는 산미를 낼 때가 많다. 다크 로스트의 경우 이러한 산이 분해되어 산미가 덜 두드러진다.

바디Body | 커피가 입에 닿는 식감은 중요하며 추출 과정과 방법은 커피의 바디감에 큰 영향을 미친다. 프렌치프레스의 경우 좀 더 씹는 맛이 난다고 표현되기도 하며, 필터 드립커피는 차를 마시듯 가벼운 바디를 가질 수 있다.

단맛Sweetness | 구운 음식 특유의 향미를 내는 캐러멜화와 마이야르 반응은 커피를 로스팅하는 과정에서 일어나 단맛을 낸다. 캐러멜화가 과하면 쓴맛이 나고 단맛이 덜해진다. 다크 로스트 커피가 이런 경우다(이래서 흔히 설탕을 타는 것이다)!

특성 있는 로스트 방식은 특색 있는 커피 맛을 낸다

Attitude 16

흔히 로스트 프로파일이라고도 하는 로스트 방식에는 저마다의 특성있는 역사와 지역성이 있다. 알프레드 피트(피츠커피 앤 티 창립자)는 미국 서부 지역 사람들이 프렌치 로스트와 사랑에 빠지도록 만들었으며, 스타벅스의 창립자들은 이 로스트 방식을 시애틀로, 이후에는 세계 각지로 전파했다.

프렌치 로스트는 로스트 스펙트럼의 한쪽 극단에 있다. 커피를 캐러멜화하는 데 그치지 않고 탄화할 때까지 볶는 것이다. 무가당 초콜릿, 탄 고무, 향신료의 향이 난다. 이 맛은 커피의 출처와는 거의 상관없이 로스팅 과정에서 생긴다. 따라서 프렌치 로스트 커피는 고급 원두를 사용하지 않아도 괜찮으며 대부분의 경우 고급이 아니다. 프렌치로스트는 크림과 설탕을 곁들였을 때 무척 맛있다(그리고 대개 크림과 설탕 없이는 맛이 없다).

어떤 맛은 커피의 출처와는 거의 상관없이 로스팅 공정을 통해 만들어 진다.

반대편 극단에는 라이트 로스트가 있다. 가장 극단적인 경우, 완성된 라이트 로스트는 차와 비슷하다. 산미가 두드러져 많은 사람들이 시다고 평한다. 라이트 로스트에서는 꽃과 과일향을 맡을 수 있으며 커피의 품종, 떼루아, 공정 등의 요소가 드러난다. 그 중간에는 미디엄 로스트가 균형을 잡고 있다. 미디엄 로스트 커피는 라이트 로스트보다 좀더 캐러멜화가 진행되어 단맛, 산미, 로스트 특유의 향미가 조화를 이룬다.

눈으로는 신선한 커피를 가려내기가 어렵다

Attitude 17 신선한 커피는 마법과도 같지만 그 마법은 금방 풀린다.

부엌 찬장 구석에 숨어 있던 커피를 발견하고 이게 언제 어디서 난 것인지 몰라 곤란했던 적이 있는가? 포장에 날짜가 적혀 있지 않는 한 그 커피가 얼마나 오래됐는지 알기란 어려울 것이다. 로스팅한 커피는 기름진 광택을 띨 수도 있고 오래 묵은 콩처럼 광택 없이 건조해 보일 수도 있다.

로스팅 날짜가 기억나지 않는다면 너무 오래된 커피라고 생각하는 편이 좋다. 오늘날 많은 경우 커피 포장에는 로스팅 날짜가 자랑스럽게 적혀 있다(심지어는 수확 날짜를 표기하는 경우도 있다). 커피 포장지에 유통기한이 적혀있는 것은 좋지 못한 신호다. 유통기한으로 로스팅 날짜를 알 수 없다. 그리고 대다수의 유통기한은 커피가 포장된 지 1~2년이나 지난 날짜다. 꽤 오랜 시간이다!

오래된 원두는 죽은 껍질에 지나지 않을 것이다. 종이를 씹는 듯하고 얄팍한 맛에 만족스럽지 않을 것이다.

대부분의 태도와 마찬가지로 약간의 예외가 있다. 몇몇 대형마트는 로스터리에서 포장에 보관기한을 명기하도록 한다. 이 기준을 지키기 위해 포장에 날짜가 두 개 적혀 있어 혼란스러운 경우도 있다. 보관기한보다는 로스팅 한 날부터 한 달, 아무리 늦어도 두 달은 넘기지 않고 소비하자.

로스팅 날짜를 모른다면 원두의 신선도를 파악하는 방법은 그것을 갈아서 추출하여 마셔보는 것뿐이다. 원두를 한번 갈아 보면 오래된 커피인지 아닌지 바로 알 수 있다. 신선한 원두는 휘발성 향기 물질을 잔뜩 머금고 있어서 분쇄하면 커피 냄새가 온 주방에 퍼진다. 묵은 커피는 그렇지 않다.

물을 넣어보는 것도 원두의 나이를 파악하는 데 도움이 된다. 신선한 커피는 뜨거운 물을 부으면 이산화탄소를 비롯한 가스가 빠져나가면서 거품과 함께 부풀어오르는, 흔히 블루밍이라고 하는 상태가 된다. 내린 지 오래된 커피에서는 이미 가스가 빠져나갔기 때문에 아무 일도 일어나지 않는다. 마지막 방법은 마셔보는 것이다. 오래된 원두는 죽은 껍질에 지나지 않을 것이다. 종이 맛이 나고, 얄팍하며, 만족스럽지 않을 테니 말이다.

그러나 예외가 있다! 우리는 로스팅한 지 6년이나 지났지만 갈색 유리 용기에 담겨 어둡고 서늘한 찬장에 보관되었던 커피를 시음한 적이 있다. 생명을 잃은 커피는 산미가 전혀 없었지만 동시에 믿을 수 없을 만큼, 엄청나게 달콤했다. 추천할 만한 방법일까? 절대 아니다. 하지만 이러한 경우도 있다는 것도 언급해 둔다.

신선한 커피는 좋은 포장에 깃든다

Attitude 18

갓 로스팅한 커피는
서늘하고
어두운 곳을
좋아한다.

대용량 통에 숟가락과 함께 보관된 커피를 본다면 피해라! 대형마트에서 각종 커피가 판매되는 매대에 있는 플라스틱 통을 아는가? 그건 어쩌면 좋았을 수도 있는 커피를 해묵게하고 특유 개성을 잃게 만들 것이다. 갓 로스팅한 커피는 서늘하고 어두운 곳을 좋아한다. 커피는 빛이 통과할 수 있는 투명한 용기에 담겨 손님들이 열어볼 때마다 공기에 노출되는 걸 싫어한다. 이전에 담겼던 커피가 남긴 기름때가 층층이 쌓인 플라스틱 통에 부딪는 것도 좋아할 리 없다. 좋은 커피는 대체로 2~3주 정도 사용할 분량으로 불투명한 캔이나 봉지에 안전하게 포장되어 공기와 빛이 닿지 않게 보관된다.

동네 커피숍에서 갓 로스팅한 커피를 사오는 사치를 부릴 수 없다면 대형마트에서 로스팅 날짜가 적힌 포장 커피를 찾아보자.

COFF

커피를 얼리지 마라. 하지만 얼리게 될 경우에는 이 조언을 따르라

Attitude 19

커피는 시원하고 건조하고 어두운 장소에 밀폐된 용기에 담아 보관하는 것이 가장 좋다. 이렇게 보관하면 조금이라도 더 오래 간다. 커피를 냉장고에 보관하는 것도 추천하지 않는다. 다른 음식 냄새가 배어들기 때문이다. 드물지만 로스팅한 커피를 오래 보관하고 싶다면 냉동 보관이 용납된다. 방법은 다음과 같다.

분쇄하지 않은 원두를 나누어 담아 진공 포장한다. 이렇게 하면 얼린 후 해동을 한 번만 할 수 있다. 해동할 때는 상온에서 녹인 다음 분쇄한다. 조금씩 나눈다면 해동되는 시간이 단축된다.

냉장고에서는 곁에 있는 식품과 그 냄새가 커피에 배어든다.

어째서 나눠 담느냐고? 무언가를 냉동실에서 꺼낼 때마다 해동이 시작되면서 결로가 발생한다. 해동된 것을 다시 냉동실에 넣으면 결로의 수분이 다시 얼면서 건조와 산화가 가속되어 맛을 떨어뜨린다.

인스턴트 커피가 다시금 유행하고 있다

Attitude 20

인스턴트 커피는 19세기 후반에 발명된 것으로, 전쟁 시 혹은 세계멸망 후 방공호에서나 마실까 말까 한 것으로 여겨졌다. 그러나 요즘은 밀레니얼 세대의 파괴적 IT혁신 붐에 힘입어 되살아나고 있다. 물에 녹는 커피는 기본적으로 추출 커피 음료를 건조시켜 가루낸 것이다. 뜨거운 물만 부으면 마실 수 있다. 백년이 넘도록 기업들은 인스턴트 커피의 판매이익을 극대화하기 위해 원재료(커피 원두)를 덜 사용하고 부재료(밀, 콩, 보리, 로스팅의 부산물인 커피 왕겨 등)를 더 섞으려는 시도를 계속해 왔다.

비교적 최근에는 스타벅스가 가향 및 무가향 인스턴트 제품인 비아Via로 시장에 홍수를 일으켰다. 일반적인 인식은 인스턴트 커피는 맛없다는 것이다. 적어도 밀레니얼 세대(1980년대부터 2000년대까지 출생한 세대)가 맛있게 만들 수 있다는 걸 알아내기까지는 그랬다.

밀레니얼 세대는 인스턴트 커피를 맛있게 만들 수 있다는 걸 알아냈다.

하지만 어떻게? 좋은 커피를 가지고, 잘 추출해서, 조심스럽게 가공하여 인스턴트 커피를 만드는 것이다. 그 이상으로 대단한 비밀이랄 것은 없다. 사실상 시판되는 인스턴트 커피의 대부분은 저품질의 커피로 만든다. 고품질의 커피로 만들면 인스턴트 커피라도 맛있게 하는 게 가능하다. 우리는 샌프란시스코의 서든 커피Sudden Coffee와 오리건의 보알라Voila를 좋아한다. 하지만 급변

하는 시장이므로 계속해서 새로운 브랜드가 쏟아지고 있다. 우리 스프럿지에서 다양한 신규 브랜드를 취재할 예정이다. 우리 생각에는 맛좋은 인스턴트 커피가 등장하여 새로운 글로벌 커피 트렌드가 될 수 있다고 본다.

아이스커피와 콜드브루는 같지 않다

Attitude 21

우리는 커피의 온도에 대해서는 불가지론자에 가깝다(아주 뜨거운 커피만 빼고. 이건 이 다음에 설명하겠다). 뜨겁든 차갑든, 모두 좋다. 그런데 사람들은 커피를 차갑게 내리는 방법에 대해 좀처럼 동의하지 못하는 듯하다.

아이스커피를 만드는 가장 일반적인 방법은 뜨거운 고농축 커피를 끓이고 얼음으로 희석하는 것이다. 이렇게 만들어진 아이스커피는 뜨거운 커피의 산뜻한 신맛을 유지하며 더불어 과일과 꽃 향미도 어느 정도 간직한다.

지난 십년 간 콜드브루 커피의 인기가 높아졌다. 이 방법은 찬물과 커피가루를 이용한다. 두 가지를 섞어 16~48시간동안 냉침한다. 고형물을 걸러내면 산미가 매우 낮은 달콤하고 진득한 커피가 나온다.

투자가들은 콜드브루가 새로운 종류의 음료라고 생각한다.

바야흐로 콜드브루의 전성기다. 투자가들은 90년대 후반 에너지 드링크가 그랬듯 콜드브루가 새로운 종류의 음료라고 생각하며 상점 선반에는 콜드브루 병, 종이팩, 캔이 그득하다. 트렌디한 바에서는 질소 주입식 콜드브루가 기네스 생맥주처럼 화려하게 쏟아지는 탭을 설치하고 있다.

커피러버들은 콜드브루의 개성 부족을 비판하기도 하지만 그 열풍을 잠재우기엔 역부족이다. 콜드브루는 앞으로도 우리와 함께할 듯하다.

커피는 버릴 것이 없다

Attitude 22

커피를 끓이고 남은 물과 함께 커피가루를 버리지 말자. 커피 찌꺼기를 퇴비에 더하면 아주 효과가 좋다. 이는 커피 찌꺼기가 pH중성이며 질소를 풍부하게 함유하기 때문이다. 지렁이들은 커피 찌꺼기를 사랑한다. 당신이 기르고 있는 화초도 마찬가지일 것이다! 정원이 넓다면, 커피 찌꺼기를 손님에게 무료로 나눠주는 카페가 많으니 참고하자.

사람들은 커피 찌꺼기를 퇴비로 재활용하기만 하는 게 아니다. 기업들은 커피 찌꺼기를 이용하여 섬유, 잉크, 종이 제품을 개발하고 있다. 미국의 스페셜티 커피 로스팅 업체인 카운터 컬쳐 커피Counter Culture Coffee에서는 커피 찌꺼기를 이용하여 선구자적인 지렁이 양식 연구를 진행했다. 노스캐롤라이나주 더럼에 위치한 이 회사는 전국 십수 곳의 지역 교육 센터에서 지렁이로 퇴비를 만드는 실험실을 운영하고 있다.

커피 찌꺼기는
pH 중성이며
질소를 풍부하게
함유하고 있다.

한결같은 커피 맛을 원한다면, 전동식 커피머신을 사용하는 것이 좋다

Attitude 23

Attitude 11에서 설명했듯, 집에서 커피를 추출하는 것은 큰 돈이 들지 않는다. 이건 멋진 일이다! 하지만 집에서 맛있는 커피를 만드는 게 목적이라면, 여러 길을 선택할 수 있다. 먼저 당신이 직면하게 될 첫 번째 선택의 순간에 대해 얘기해 보자. 전동식인가, 수동식인가?

삶의 대부분의 일과 마찬가지로 각 선택에는 장단점이 있으며 궁극적으로 당신에게 어떤 게 맞는지는 본인 결정에 달렸다. 이 책의 저자인 우리를 포함한 많은 사람들은 집에 편리하고 일관된 맛을 보장받을 수 있는 자동 커피머신을 두는 걸 좋아한다. 커피 업계에서는 배치브루 머신Batch Brew Machine이라고도 하는데, 여러 잔 분량의 커피를 일괄적Batch로 끓여 여러 번에 걸쳐 나누어 마실 수 있기 때문이다. 추출되는 커피의 정확한 양은 기계마다 다를 수 있으며 버튼을 누르기 전에 커피와 물을 얼마나 넣었는지에 따라 결정된다.

커피 업계에서는 전동식 커피머신을 배치브루, 즉 일괄 추출 머신이라고도 한다.

커피머신계의 성배(예수가 최후의 만찬에 쓴 고귀한 술잔)와 같이 농도와 온도 안정성, 즉 어떤 온도에서 커피가 물과 분리되거나, 침전되지 않도록 신경을 쓴 품질 좋은 가정용 커피머신이 늘어나고 있다. 이 중요한 요소를 갖춤으로써 커피머신은 불안한 수동 추출에 비해 이점이 있다. 보나비타나 테크니봄에서 출시한 가정용 머신은 10

만 원대에서 30만 원대정도 하는데, 매일 일관적으로 맛있는 커피를 만들 수 있고 주방에 두었을 때 멋지게 보인다. 레이시오나 윌파Wilfa 등, 좀더 높은 가격대의 제품을 출시하는 하이엔드 브랜드도 있다.

집에 잘 만들어진 전동식 머신이 있는 건 상당히 아름다운 일이다. 당신이 이른 아침 곧바로 카페인을 투여해야 하는 부류라면 더욱 그렇다. 가정용 커피머신은 커피추출 과정에서 많은 변수와 미지수를 배제하며, 우리 생각에는 그로 하여금 커피 자체에 집중할 수 있게 해 준다. 굳이 따지자면 사실 스프럿지의 필자들은 집에서 일괄적으로 자동 추출하는 것에 충성한다고 할 수 있다.

수동 추출 방법

집에서 수동 추출을 시도해 볼 마음이 들었다면(우리는 적극 권장한다!) 당신의 스타일에 맞는 방법을 찾아가야 한다. 비교적 간편한 프렌치프레스의 인기가 높다. 커피를 계량하고 갈아서 프렌치프레스를 넣고 뜨거운 물을 부은 다음 기다렸다가 프레스를 누른 다음 따라내면 된다. 꽤 손쉬운 방법이다. 좀더 손이 가는 방법도 많다. 그중 하나는 비하우스Beehouse, 하리오Hario, 칼리타Kalita 등에서 만드는 싱글 컵 드리퍼를 이용하는 것이다. 한 컵 분량의 커피를 계량하여 갈고(드리퍼 대체로 깔때기 모양으로 여물통처럼 생긴 것도 있으며 커피러버들은 드리퍼의 사소한 디테일을 놓고 끝없이 논쟁할 수 있다) 속 종이 필터에 커피를 담는다. 이후 주전자의 물을 조심스럽게 부어 준다. 일반적인 주전자도 괜찮지만 멋을 추구한다면 54페이지에서 언급했듯 하리오, 다카히로, 브루이스타 등에서 나온 구스넥 주전자를 사용하면 더욱 좋다. 3~5분에 걸쳐 조금씩 물을 더해 준다.

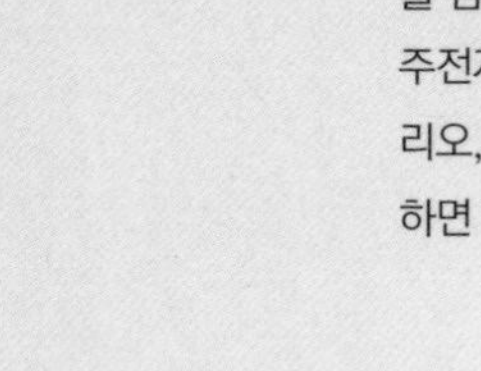
비하우스 드리퍼

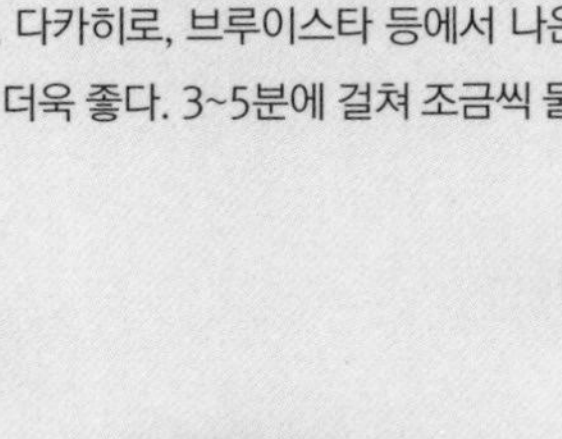
칼리타 웨이브

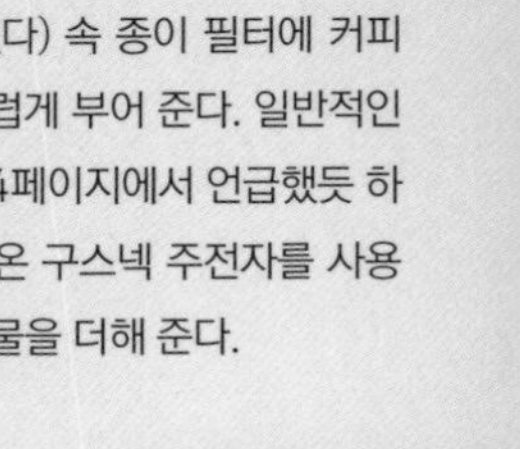
하리오 V 60

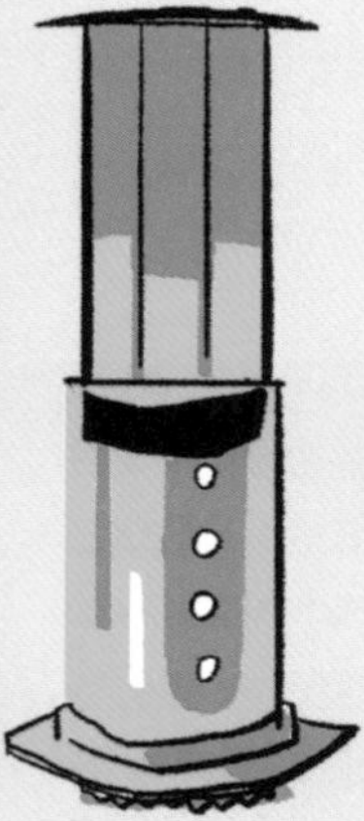

에어로프레스

토디

프렌치프레스

케멕스

진공 포트

커피를 직접 내려 마신다는 건 일종의 성취감을 선사한다

Attitude 24

방금 집에 커피머신이 있는 게 만족스럽다고 말하긴 했지만, 집에서 직접 추출한 커피를 마시는 것에도 많은 장점이 있다. 많은 커피 전문가들은 자기 집에서 직접 원두를 갈고, 그 원두에 물을 부어 커피를 만들어 마시며, 꽤나 번거로운 이 작업이 누구에게나 즐거움을 줄 수 있다고 생각한다.

직접 추출은 우리 주변의 몇 백 원짜리 자판기 커피 문화에 가운뎃손가락을 올리는 것과 같다.

우리는 사회 전반적으로 커피를 너무나 무력하게, 끔찍하게 정량화된 상품으로 소비하는 경향이 있다. 커피는 문자 그대로 주식시장에서 거래된다. 커피의 식민지적 서사는 그 덩굴손을 깊이 뻗고 있으며 인류사의 부끄러운 장면들을 환기하고 오늘날 우리 소비자로 하여금 그것을 상기하게 만든다. 그 점을 잊지 않으면서, 이따금 시간을 내어 일부러, 성심껏 스스로에게 커피를 한 잔 만들어 대접하는 것에는 무척 유쾌하고 상쾌하리만치 아날로그적인 미학이 있다. 우리 주변의 몇 백 원짜리 자판기 커피 문화에 가운뎃손가락을 올리는 셈이다(물론 어쩌다 사 먹는 자판기 커피에는 아무런 죄가 없다).

직접 추출은 다른 방법과는 차별화되는 집중력과 의지를 요구한다. 커피 추출 과정을 정의하는 수많은 변수를 제어하는 것은 오직 나와 커피뿐이고, 외부의 제어는 없다. 너무 빨리 부었나? 손동작을 망쳤나? 물이 너무 뜨거웠나? 입자가 너무 거칠었나? 커피를 내리는 일은 분재를 다듬거나 아이를 키우는 것과 같다. 그르칠 수 있고 실제로 그르치게 될 수천 가지 요소가 있지만, 어느 정도 숙련이 되면 엄청난 성취감과 자부심을 느낄 수 있다.

맛과 멋, 모두 살린
케멕스는 작품이다

Attitude 25

우리 생각에 다른 모든 추출법보다 더 뛰어난 가정용 커피 추출법이 있다. 당신이 핸드드립으로 직접 내려 마시든, 아니면 커피머신을 이용하든 상관없이, 어느 집에나 케멕스Chemex 커피 메이커 한 대쯤 놓을 가치가 있다.

케멕스는 형식과 기능의 완벽한 조화를 이룬다. 기능적 인테리어 디자인에 있어 커피 업계의 가장 아름다운 공헌 중 하나이며 무척 맛있는 커피를 만들 수 있다. 케멕스는 1941년에 독일 태생 발명가인 페터 슐룸봄 박사에 의해 만들어졌다. 페터 슐룸봄 박사는 진정한 20세기적 정신의 소유자이자 인생을 즐길 줄 아는 사람이었는데, 그의 상대적으로 인기가 덜한 발명품으로는 휴대용 샴페인 냉각 장치와 '불연성 휘발유'가 있다. 그의 케멕스 커피 메이커는 거의 발표되자마자 히트를 쳤다. 007 영화 시리즈나 메리 타일러 무어 쇼(독립적인 비혼 커리어우먼이 등장하는 1970년대 인기 시트콤)에 등장했으며 해리 트루먼 미국 대통령이나 린든 B존슨 미국 대통령에게 선물되었다. 케멕스는 뉴욕 현대미술관의 상설 컬렉션으로 찰스 임스나 루트비히 미스 반 데어 로에 같은 거장들의 기능적 실내 디자인 작품과 함께 전시되어 있다.

케멕스는 뉴욕 현대미술관의 상설전시품이다.

커피 메이커치고는 크게 성공한 게 아닌가! 오늘날 케멕스는 매사추세츠주 서부에서 생산되며 5만 원 정도에

구입할 수 있다. 우리는 20세기 중반에 생산된 케멕스 커피 메이커를 찾아 빈티지 인테리어 소품점에 자주 방문한다(유리 두께를 보면 알 수 있다). 놀랄 일도 아니지만 시중에는 케멕스의 유사품도 많이 팔리고 있으며 한 빈티지 상점에서 케멕스와 모조품을 함께 발견할 때도 있다. 원본은 눈에 띄게 품질이 뛰어나므로 현명하게 쇼핑하고 검색을 아끼지 말자.

케멕스는 무척 맛있는 커피를 만들 수 있다. 케멕스 콘의 모양과 크기에 맞추어 생산되어 케멕스를 기울여도 쏟아지지 않는 같은 브랜드의 전용 필터를 사서 써야 한다. 이건 솔직히 말해 우리가 가장 좋아하지는 않는다. 우리는 케멕스의 끝없는 유연한 가능성을 사랑한다. 우리는 개인적으로 갖고 있는 케멕스를 와인 디캔터, 꽃병, 테라리움, 어항, 물주전자, 화채 펀치 보울, 정당방위 행위를 위한 둔기(이 얘기를 하자면 길어진다), 물뿌리개, 심지어는 드라이아이스와 네온 발광 발찌를 넣어 정교한 할로윈 장식의 일부분으로도 쓴 적이 있다. 우리 생각엔 자신의 캐딜락 쿠페에 도금 케멕스를 새긴 바 있는 슐룸봄 박사도 인정할 것 같다.

커피 맛을 더 좋게하는 법, 좋아하는 잔에 마셔라

Attitude 26

멋진 식당에서 왜 와인이 더 맛있게 느껴지는지 궁금했던 적 있는가? 또는 왜 가장 좋아하는 머그잔에 마시는 커피가 더 맛있는지? 인간의 두뇌는 놀라운 것이어서, 우리가 맛을 경험하고 처리하는 과정은 수천 가지 변수의 영향을 받는다. 예일대학교 의과대학 신경과학자인 데이나 스몰Dana Small은 『과학적 미국인*Scientific American*』에서 우리가 느끼는 맛은 "사실 음식의 맛, 냄새, 촉감이 하나의 감각적 경험으로 융합된 것"이라고 설명한다. 이 말인즉슨, 당신이 지극히 정상이라는 의미다. 오늘 마신 푸어오버pour over가 그토록 맛있었던 이유는 적어도, 그 커피가 담겨 있던 '잔' 때문이다.

우리가 맛을 경험하고 처리하는 과정은 수천 가지 변수의 영향을 받는다.

좋은 카페에서는 이 사실을 알고, 손과 입에 닿는 느낌이 좋은 머그잔에 커피를 제공하려고 노력한다. 호주 멜버른의 마켓 레인 커피Market Lane Coffee는 타즈메니아의 아이스 포슬린 도자기를 다루는 유명 도예가인 로베르타 가틀랜드Roberta Gartland와 협업하여 촉감이 부드럽고 섬세한 청록색으로 유약 처리된 커피잔을 납품받는다. 역시 멜버른의 퍼트리셔 커피 브루어즈Patricia Coffee Brewers는 도예가 말콤 그린우드Malcolm Greenwood와 함께 작업한다. 미국 LA의 G&B커피와 고 겟엄 타이거Go Get Em Tiger 계열 커피 회사는 영향력 있는 도예가 벤 메

니시가와라
노부히토

조던의
피그먼트 머그잔

벤 메단스키

에디스 히스

말콤 그린우드

단스키Ben Medansky로부터 커피잔을 공급받는다. 현재 메단스키는 엘에이에서 가장 수요가 많은 도예가 중 한 명으로, 그의 작품은 쿠퍼 휴이트 국립 디자인 미술관을 비롯해 전 세계의 갤러리에 전시된 바 있다.

예쁜 컵은 좋은 카페에서 훌륭한 커피를 제공하는 데 도움이 되는 비밀병기와 같다. 집에서도 그렇게 해 볼 수 있다. 모든 예술과 마찬가지로 도자기에 대한 취향은 주관적이다. 어쩌면 당신은 우리가 언급한 일류 카페에서 사용하는 가틀랜드나 메단스키 커피잔을 가지고 싶을지도 모른다. 혹은 좀 더 소박한 20세기 중반풍 머그잔을 좋아해서 캘리포니아 히스 세라믹스Heath Ceramics에서 만든 상징적인 에디스 히스Edith Heath 커피잔을 원할 수도 있다. 어쩌면 일본 기후현 출신 안도 마사노부나 캘리포니아 오렌지카운티의 니시가와라 노부히토 같은 일본 도예가들이 만든 작품처럼 손으로 빚어낸 듯한 와비사비 미감(투박함)을 선호할 수도 있다.

어쩌면 더 소박할 수도 있다. 조던이 가장 좋아하는 커피잔은 1990년대 언젠가 기념품점에서 산 디즈니월드의 피그먼트 놀이기구 기념 머그잔이다. 재커리가 가장 좋아하는 머그잔은 이케아에서 샀다. 당신은 당신이 좋아하는 걸 추구하라. 그냥 보이는 것이 커피 맛을 좋게 할 수도 있다는 걸 이해하고 이런 게 커피 마시는 재미 중 하나라는 걸 알아두면 된다.

커피와 음식은 꽤 잘 어울린다

Attitude 27

식전이든, 식사 도중이든, 식후에든, 커피는 음식과 무척 잘 어우러진다. 우리는 지난 세월 동안 꽤나 전위적인 커피-음식 조합을 경험해 왔다. 하지만 암스테르담에서 먹었던 녹은 에스프레소 버터를 곁들인 굴이나 런던에서 먹어본 카스카라 초콜릿은 집에서 재현하기는 어렵다. 간단하게 하는 게 최선이다. 탄산수나 와인처럼, 좋은 음식에 곁들이면 좋은 음료라고 생각하는 것이다. 햄버거와 함께 마시는 평범한 커피나 루니툰즈 만화에 나오는 스테이크에 곁들이는 김이 모락모락 나도록 뜨거운 커피 포트도 좋겠다.

커피를 아침식사에 곁들여 마시는 것도 좋은 생각이다. 아몬드밀크와 신선한 과일을 곁들인 오트밀과 함께 가장 좋아하는 원두로 따뜻하게 내린 커피를 마셔 보자. 좀더 클래식한 조합을 꼽자면, 베이컨, 팬케이크와 메이플시럽, 그리고 커피가 주는 깊고 원초적인 만족감을 따라올 것이 많지 않다. 이 방면에서 최고는 파리의 홀리벨리라는 카페다(믿어보라).

커피는 모든 종류의 빵과 잘 어울린다. 점심식사로 먹는 칠면조 샌드위치나 그릴치즈 샌드위치와도 무척 잘 어우러진다는 뜻이다. 저녁식사 테이블에서는 커피를 식사 자체에 포함하는 것도 좋겠다. 커피를 우리고 남은 가

커피를 우리고 남은 가루를 바베큐용 고기에 문질러 드라이 럽을 할 수 있다.

루를 바베큐용 고기에 문질러 드라이 럽을 하거나 홈메이드 스테이크 소스에 커피를 살짝 첨가해도 좋다. 무엇보다 저녁에는 에스프레소 한 잔으로 저녁식사를 마무리하면 아주 그만이다. 식전주 대신으로 마시면, 특히 캄파리Campari와 소다 워터를 조금 곁들인다면 음식을 먹기 전 식욕을 돋우는 데 좋고, 식사를 마치면서는 에스프레소에 그라파Grappa를 살짝 띄워 이탈리아에서 카페 코레또Caffé corretto라고 부르는 스타일로 마실 수도 있다.

커피를 내리는 일은 사랑의 표현이다

Attitude 28

커피를 생활의 일부분으로 만드는 것은 커피를 인생의 일부로 만든다는 것이다. 좋은 점과 나쁜 점을 포함해서 말이다. 커피가 가슴아픈 순간에 마음을 다스리는 데 도움을 주는 것도 사실이지만(이 주제만으로도 책을 한 권 쓸 수 있을 것이다) 무엇보다 커피를 둘러싼 의식과 의도를 고유의 사랑의 언어로 이해할 때 가장 빛난다고 믿는다. 특별한 사람이 처음으로 당신 집에 묵는 날이나 누군가와 같이 살기 시작하는 날, 커피는 그 관계의 일상적인 리듬 속에 녹아들게 된다. 모든 순간에 우리와 함께하는 것이다.

일요일 아침, 밀린 신문을 읽으며 큰 커피머신 가득 나눠 마실 수도 있다. 긴 하루를 마치고 일터에서 돌아온 연인을 위해 커피를 만들어 줄 수도 있겠다. 이건 모두 다르게 경험할 것이다. 각자의 사정과 사랑만큼이나 개인적인 일일 테다. 갓 태어난 아기가 있는 사람들에게 있어 서로 커피를 타 주는 것은 배려와 친절이 녹아 있는 행동이다. 육아의 즐거움과 긴장을 함께 견뎌내는 방식인 것이다. 스트레스가 많은 일에 종사하는 경우 파트너에게 커피를 타 주는 것은 "당신, 내가 지지하고 있어. 사랑해" 라는 메시지가 될 수 있다.

사랑하는 사람을 위해 집에서 커피를 만드는 것은 그 사랑의 표현이며, 그보다 달콤한 것은 없을 듯하다.

서로에게 커피를 만들어 주는 건 배려와 친절의 표현이다.

몇 가지 음식과 커피 한 잔은 손님을 초대하기에 딱! 적당하다

Attitude 29

모든 손님에게 대접하고 리필도 해줄 수 있을 만큼 충분히 커피를 준비하자.

귀여운 커피잔과 몇 가지 음식 레시피로 무장한 당신은 이제 집에서 커피를 만드는 데 익숙해졌다. 그러면 이 모든 걸 조합해서 친구들을 초대해 보면 어떨까? 봄날의 정원이든, 겨울날의 난로 앞이든, 아무 토요일에나 괜찮을 것이다. 모든 손님에게 대접하고 리필도 해줄 수 있을 만큼 충분히 커피를 준비하자. 여기서 케이크와 구움과자를 자연스럽게 곁들이면 좋다. 다과와 함께 커피를 마시는 것은 많은 문화권에서 일반적이지만(안녕, 오스트리아와 프랑스!) 우리는 스칸디아비아 전통인 피카Fika, 즉 커피와 함께하는 한낮의 휴식을 특히 좋아한다(피카는 스웨덴어로 커피 브레이크를 말한다). 맛있는 카다멈 빵을 준비하고, 친구들을 초대하고, 부족 하지 않게 커피를 내리고, 대화를 느긋하게 즐겨 보자.

3

AT THE CAFE

카페에서

그 어느 때보다도 품질 좋은 커피를 즐기기 좋은 시대다

Attitude 30

이제껏 오늘날처럼 훌륭한 고품질 커피를 구하기 쉬운 때는 없었다.

우리는 커피의 황금기에 살고 있다. 이제껏 오늘날처럼 훌륭한 고품질 커피를 구하기 쉬운 때는 없었다. 그러나 좋은 커피와 좋지 않은 커피를 어떻게 구별할 수 있을까?

다행히도 우리는 전 세계 거의 모든 나라, 모든 도시에 훌륭한 커피를 만들고 취급하는 카페가 적어도 한 곳은 있는 시대에 살고 있으며, 집에서 커피를 내릴 수 있도록 품질 좋은 커피콩을 취급하는 동네 커피숍도 드물지 않다. 당신이 사는 도시에서 가장 좋은 카페를 찾고 그곳의 직원들에게 안내를 부탁해 보자.

카페의 역사는 커피의 사회사다

Attitude 31

16세기 오스만제국 이스탄불의 커피하우스에서부터 18세기 런던의 계몽주의 카페, 파리의 19세기 혁명기 살롱, 20세기 뉴욕과 샌프란시스코의 비트닉 바에 이르기까지, 카페는 언제나 사회적 공간이었으며 따라서 사회적 변화를 일으키는 촉매 역할을 해 왔다. 스페인 살라망카의 카페 노벨티Cafe Novelty에서는 작가인 곤살로 토렌테 발레스터Gonzalo Torrente Ballester가 소위 카페 캠핑(즉, 카페에 계속 죽치고 있는 것)의 수호성인쯤으로 취급된다. 어느 정도냐 하면 이 카페에서 그가 가장 좋아하던 자리에 그를 기리는 조각상이 설치되어 있을 정도다. 프랑스 혁명의 불씨는 카페에서 키워졌고, 또 사람들이 자유와 박애를 논할 수 있는 카페라는 공간이 아니었다면 계몽시대의 막은 올리지 못했을 것이다. 런던의 국제 보험 시장인 로이즈Lloyd's 역시 카페에서 출발했으며, 인스타그램도 마찬가지다. 사회적 공간으로서의 카페는 앞으로도 그 역할을 수행할 것으로 보인다.

사람들이 자유와 박애를 논할 수 있는 카페라는 공간이 없었다면 계몽시대의 막은 올리지 못했을 것이다.

카페의 역할은 진화하고 있다

Attitude 32

오늘날의 카페는
사람만큼이나
커피도 중요하다.

동시에 우리는 우리 사회에서 카페가 수행하는 역할이 변화하는 과정을 목격하고 있다. 카페는 사회적으로 단순히 (끊임없이 제공되는 커피를 연료로 삼는) 상호 작용의 장을 벗어나, 정신을 자극하고 감수성을 깊이 환기시키는 위대한 식도락적 경험을 가능케 하는 곳으로 변모하고 있다. 16, 17세기의 카페는 무엇보다도 사람이 중요했다. 오늘날의 카페도 물론 사람이 중요하지만, 그만큼이나 커피도 중요해졌다. 커피가 더욱 진화하고 맛있어지면서 카페는 커피의 가능성을 표현하기 위한 구심점으로 재발견되고 있다. 물론 사회적 윤활유의 역할도 하지만, 커피 한 잔으로 세계 여행을 할 수 있게 하는 미식 경험의 장이기도 한 것이다.

바리스타는 캐셔이자 셰프이며 상담원이다

Attitude 33

생각해 보면 참 기묘한 일이다! 오늘날 카페의 계산대로 다가섰을 때 주문을 받아 주는 건 바리스타다(이건 그들의 오늘의 업무 중 계산대 업무에 불과하다). 그런 다음 위대한 바텐더나 셰프를 방불케 하는 방식으로 다양한 재료를 조합하여 당신이 고른 음료를 제조하는 것 역시 바리스타다. 이 모든 일이 일어나는 동안 당신은 직원과 수다를 떨 수도 있다. 커피를 마신 다음 어떤 일정이 있는지, 직장에서의 중요한 프레젠테이션을 앞두고 긴장되는지, 당신의 자녀가 할로윈에 무엇으로 가장했는지 같은 것 말이다.

엄밀하게 말해 카페에서 노동 분업은 없다시피 하다. 캐셔이자 셰프이고 그가 곧 점장이다. 이건 종사자들에게 무척 부담을 줄 수 있는 복합적인 직업이다. 엄청난 양의 정신 노동을 수행하고 사회적 아이큐를 갖춰야만 살아 남는다. 그러나 이 직업을 사랑하는 사람들이 있다. 무척 피로하면서도 보람찬 직업이다. 우리는 바리스타를 둘러싼 부정적인 편견(비록 그 편견이 사실일 때도 있지만)에 맞서 바리스타에 대한 감사와 공감의 태도도 형성되어야 한다고 생각한다[Attitude 35 참조]. 바리스타라는 직업이 특수하게 어려운 건 아니지만, 좋은 바리스타가 되려면(즉, 바리스타라는 역할의 사회적 측면을 잘 수행하면서도 커피를 만드는 데 있어 집중력을 놓치지 않으려면) 무척이나 어려운 기교가 필요하다.

바리스타라는 직업은 엄청난 양의 정서적 노동과 사회적 아이큐를 필요로 한다.

커피 에티켓, 팁은 바리스타에 대한 감사의 표현일 수도 있다

Attitude 34

미국에서 바리스타는 바텐더나 레스토랑 직원과 마찬가지로 임금의 일부를 팁에 의존한다. 좋든 싫든 팁은 미국의 서비스 산업의 생명줄이며, 좋은 커피를 즐기고 싶다면 이 문화에 참여해야 한다. 이렇게 준 팁은 종종 지역 경제로 곧바로 환원된다. 몇 집 이웃한 샌드위치 가게, 길 건너편의 바, 레코드 가게 혹은 편의점에서 말이다.

팁은 얼마나 주어야 할까? 우리는 음료 하나당 1달러를 표준으로 본다. 바에서 주문하는 음료와 마찬가지로, 음료당 1달러라는 금액은 서로 다른 음료를 만드는 데 걸리는 시간 차이로 말미암은 불균형을 완화시키고 적당한 평균치를 낸다. 미리 내려 놓은 드립커피에서 금방 따라 낸 테이크아웃 커피? 역시 한 잔에 1달러. 5분동안 고도의 집중력으로 신중하게 우려낸 푸어오버 커피라면? 역시 한 잔에 1달러. 맥주나 칵테일에 팁을 주는 만큼 준다고 보면 된다.

팁은 종종 지역 경제로 바로 환원된다.

그렇다면 팁 문화가 일반적이지 않은 곳에서는 어떻게 할까? 우리는 커피 서비스 업계 종사자들을 위해 당신이 사회 규범을 다시 쓰도록 요구하는 게 아니다. 아시아, 오스트레일리아, 유럽 등지에서 팁 문화는 그다지 흔하지 않다. 사회 안전망이나 생활 임금에 대한 다양한 접근법 등, 그 이유는 다양하다. 그러나 이 책을 읽는 당신이 해

외에 있거나 미국인이 아니라도, 우리는 당신이 평균 1달러의 규칙을 적용하기를 추천한다. 바리스타의 수고에 대한 존중의 표현이기 때문이다. 뜻밖의 팁보다 좋은 것은 없을 테다. 팁 문화는 세계적으로 정해진 것은 아니지만 대개의 경우 고맙게 받는다.

바리스타가 무례하다고 느껴진다면? 그럴 만한 이유가 있다

Attitude 35

좋은 바리스타가 되는 게 얼마나 어려운 일이며 왜 이게 존중받아야 하는지는 이미 설명했으니, 나쁜 바리스타에 대해서도 설명할 타이밍이다. 수십 년간 영화나 텔레비전에는 거만하고 무례한 바리스타의 이미지가 만연해 왔는데, 우리는 이 현상에 어느 정도 그럴 만한 이유가 있다고 본다. 아래에 더 설명해 보겠다.

끊임없이 일상생활에서 다른 사람들을 마주하는 것은 무척 피로한 일이다. 이 피로는 이따금 냉담하거나 잘난 체하는 태도로 표출되기도 한다. 전통적으로 바리스타는 바텐더나 셰프 만큼의 존경을 받지 못했다. 우리가 대화해본 바리스타들은 사람들이 은연중에 자기들에게 "그래서 이 일 말고 네가 '진짜' 하고 싶은 일이 뭔데?"라는 태도를 보인다고 느끼고 있었다.

우리가 대화해본 바리스타들은 사람들이 은연중에 자기들에게 "그래서 이 일 말고 네가 '진짜' 하고 싶은 일이 뭔데?" 라는 태도를 보인다고 느끼고 있었다.

미디어에 무례하고 남을 무시하는 바리스타가 등장하고, 카페 직원들은 이런 이미지를 재현하는 동안, 다음 세대의 바리스타에게도 이런 고정관념이 대물림되는 일종의 악순환이 생겼다. 바리스타는 실로 힘들고 노동에 비해 제값을 받지 못하는 직업이다. 정서적, 육체적 노동의 강도가 무척 높고 이른 아침에 교대 근무하거나 다소 전문적이지 못한 노동 환경은 사람을 지치게 만든다. 카페는 대개 소규모 자영업 중에서도 더욱 소규모에 속한다.

보통 명확한 상하 구조 없이 운영되며 경험이 부족한 사람이 소유하고 운영할 때도 많다. 이런 환경에서 일하다 보면 자연스럽게 원망이 쌓이고, 이는 다시 무례한 태도로 되먹임된다.

기본적으로 우리가 말하고자 하는 것은, 누구나 이런 환경에서 일하다 보면 무례해질 수 있다는 것이다. 약간의 공감과 연민은 많은 도움이 될 수 있고, 조금 뒷맛이 씁쓸한 이 내용 다음에는 더 밝은 내용을 설명하겠다.

무례한 바리스타 이미지는 한물갔다

Attitude 36

Attitude 35에서 우리가 묘사한 문제점은 아직도 계속되고 있지만, 무례한 바리스타 이미지는 이제 한물 갔다는 소식만은 기쁘게 나눌 수 있겠다. 여기에는 몇 가지 이유가 있는데, 당연한 것도 있고 그렇지만은 않은 것도 있다.

세계 각지의 일류 레스토랑에서 커피가 부각되면서 바리스타들 역시 좀더 존경받고 있다. 노마Noma의 르네 레제피René Redzepi와 같은 요리사나 유니언스퀘어 요식업 그룹Union Square Hospitality Group의 레스토랑 사업가 대니 마이어Danny Meyer같은 사람들이 커피 메뉴를 강조하게 되면서 이 영향이 대중 의식에도 미쳐 커피를 단순한 연료가 아닌 식도락적이고 특별한 것으로 생각하기 시작했다. 마찬가지로 블루보틀 커피Blue Bottle Coffee가 5억 달러에 인수되었다는 것과 같은 뉴스 기사는 진보적인 커피의 시대가 열렸으며 이를 진지하게 받아들여야 한다는 걸 알려준다.

접객 서비스는 카페의 생존에 무척 중요한 요소다.

맛있는 커피는 점점 더 보편화되고 있으며, 그렇기에 더 정상화되고 있다. 그 지역에서 품질에 유일하게 신경 쓰는 커피숍이라면, 직원들의 노력에 비해 사람들은 커피 맛의 귀중함을 모를 수도 있다.

그러나 같은 거리에 비슷한 고급 커피숍이 다섯 곳 있

다면, 사람들은 고품질 커피에 친숙해지고 그 업계를 존중하게 될 것이다.

커피숍 시장이 점점 과열되면서 접객 서비스가 카페의 생존에 직결되는 요소로 떠오르고 있다. 사업이 잘 되고 사람들이 당신의 커피를 좋아한다면 단순히 말해 무례하게 굴 시간이 없는 것이다. 무례하게 굴고 싶다면 다른 선택지가 얼마든지 있기도 하다.

이건 상당히 묵직한 개념이라 이것만으로도 책을 한 권 쓸 수 있겠지만, 아주 개략적으로 말하자면 과거 X세대에 만연했던 무례한 바리스타 이미지를 형성했던 문화적 동력이라 할 수 있는 것이, 밀레니얼 세대가 노동 시장에 진입하면서 도태되었다는 것이다. 지금 젊은 세대의 문화는 덜 공격적이거나 적어도 그 공격성을 의미 있는 방식으로 사용하는 것인지도 모른다.

세계 각지의 카페를 방문하면서 무례한 바리스타와 마주하는 일이 점점 드물어지고 있다. 당신의 경험도 우리와 비슷하길 바란다. 마지막으로 잘난 체하는 무례한 바리스타를 만났을 때 당시 카페내에 흐르던 음악이 1996년에 결성된 미국 인디 록밴드인 더 신스The Shins였다면, 맑은 눈과 열린 마음 그리고 음악으로, 다시 한 번 그 카페를 방문해 보길 바란다.

전문 바리스타 경연대회의 별난 세계

우리가 익히 아는 현대 바리스타 대회는 밀레니엄 전후로 시작되었으며, 제1회 북미 바리스타 챔피언십North American Barista Championship은 2000년에 열렸다. 일반적인 형식은 이렇다.

경연자는 15분 동안 일련의 에스프레소 샷, 우유가 들어간 커피 음료(보통 카푸치노) 그리고 칵테일 세계에서 영감을 받은(하지만 역설적이게도 알콜이 들어가지 않은) 시그니처 음료를 만든다. 지난 10년 동안 이러한 바리스타 대회를 둘러싼 문화는 상당히 성장하여 세계 각지에서 새로운 행사와 대회 형식이 개발되어 참여를 유도하고 있다. 오늘날 런던, 뉴욕, 멜버른, 오슬로 등지에서는 매년 개최되는 토너먼트가 열린다.

이 방면에선 우리 말을 믿어 보라. 스프럿지에서는 수많은 커피 관련 대회를 직접 취재했다. 테네시주 녹스빌에서 캘리포니아주 산타크루즈에 이르기까지, 헝가리 부다페스트에서 콜롬비아 보고타까지, 그 사이에 있는 각종 커피 경연을 수백 시간이나 말이다. 그리고 그 세월 동안 우리는 이러한 행사가 얼마나 재미있고 또 이상한지도 배웠다.

이런 대회는 표면상으로는 기술을 공유하는 워크숍이지만 몇몇 경연은 상당한 상금을 내건다. 바리스타들은 수십 시간, 어쩌면 수백 시간 동안, 밤늦게까지 루틴을 연습하며 완벽하게 반복 가능할 카푸치노와 에스프레소 샷을 제조한다. 한때 시그니처 음료는 아메리카노에 초콜릿 시럽을 좀 뿌린 물건이었지만, 요즘에는 미슐랭 레스토랑에서 제공되는 음식을 닮아가고 있다. 드라이아이스 사용은 드물지 않으며 우리는 진공 튜브, 훈연요리, 분자요리, 심지어는 심사위원들이 코로 흡입할 수 있게 만든 커피가루도 보았다.

기본 형식은 15분, 음료 3종, 지나치게 디테일에 집착하는 면에서 매년 동일하지만, 해마다 우리는 새롭고 기묘한 변주하는 커피를 목격하곤 한다. 애완견 대회와 마스터 셰프를 같이 보는 것 같다. 재미있고, 정말로 이상하며, 커피 업계의 오타쿠적 혁신과 업계의 변화를 이끄는 진한 커피색 심장이 가장 강하게 뛰는 곳이 바로 대회다. 커피 대회가 길이길이 남기를(주여, 우리는 정말로 많은 대회를 보았다). 다음 대회에서도 분명 우리를 찾을 수 있을 것이다.

어느 도시에서나 멋진 카페를 찾고 싶다면? 스프럿지를 활용하자

Attitude 37

우리는 독자들에게 추천할 좋은 커피를 찾기 위해 전 세계 수백 명의 리포터를 고용했다.

솔직히 말하자면, 인터넷만 연결되어 있다면 당신은 세계 어느 지역 어느 도시에서나 근방에서 가장 커피 마시기 좋은 곳을 5초 안에 찾을 수 있다. 먼저 구글에 접속해서 당신이 위치한 도시나 지역의 이름과 스프럿지 Sprudge를 함께 검색하면 된다. 구글은 스프럿지 아카이브의 결과를 검색해서 제공할 것이다. 지난 십년간 우리는 전 세계 수백 명의 리포터를 통해 알아낸 커피에 관한 정보를 독자에게 제공해 왔다. 이 방법으로 어떤 도시의 모든 카페를 검색할 수는 없겠지만, 당신의 시간과 돈을 쓸 가치가 있는 독특하고 특별한 커피 경험을 제공하는 곳이라면 찾을 수 있겠다. "그냥 스프럿지를 읽어보세요"라고 하는 게 약간은 건방지다는 걸 알지만 사실은 사실이니 말이다. 이 별난 팁만 알고 있으면 당신은 찾고자 하는 걸 찾을 수 있을 것이다.

지역에서 가장 힙한 카페는 바리스타들이 알고 있다

Attitude 38

우리는 지난 수년 간 믿을 만한 교훈을 배웠다. 바로 어떤 도시를 알아가려면 커피로 시작하라는 것이다. 좋은 카페를 찾아 음료를 주문하고(당연하지만 아무 것도 사지 않고 카페를 사교 공간으로 사용해서는 안된다) 현지 바리스타에게 어디로 가야 할지 묻는 것이다. 그 도시에서 가장 잘 나가는 셰프, 바텐더, 가게 주인, 갤러리 매니저가 그 바리스타의 단골일 가능성이 크다. 이름을 모른다면 단골 음료라도 알 것이다.

또한 바리스타(그의 동료 직원들)는 들러볼 만한 다른 카페의 이름을 알려주거나, 근처에서 점심 먹기 좋은 가게를 추천해 주거나, 흥미로운 칵테일바나 와인바로 안내해 줄 수 있을 것이다. 현지에서 인기 있는 바텐더가 흔히 그렇듯이 바리스타들 역시 카페가 위치한 지역의 요식업계 사정을 잘 알고 발도 넓다. 어떤 도시를 알아가고 싶다면 바리스타들이야말로 대단한 인적 자원이다.

바리스타들은 그 도시 최고의 요리사, 바텐더, 상점 주인, 갤러리 매니저를 위해 커피를 만든다.

당신이 무엇을 찾고 있든, 바리스타는 당신을 무시하지 않을 것이다. 다만 분위기를 먼저 읽고 그들이 대화할 만한 여유가 있는지 파악하자. 그것만 지킨다면 간단히 "저기, 저는 이 근방 사람이 아닌데요. 어디를 가 보는 게 좋을까요?" 로 운을 떼 보자.

헤드폰을 사용하자

Attitude 39

이해한다. 당신이 가끔 몇 시간 동안이나 노트북을 펼쳐 놓고 일하는 커피숍은 당신의 '사무실'이다. 여기에 근본적으로 잘못된 것은 없다. 팁을 주는 배려를 잊지 않고, 오래있었다 싶으면 새로 주문을 하고, 직원을 존중한다면 말이다.

이건 정말
공공 예절의 문제다.
그리고 더 나아가서
존엄성의 문제다.
당신에게,
우리에게,
우리 모두에게 말이다.

하지만 헤드폰은 착용해야 한다.
우리는 당신의 팟캐스트를 듣고 싶지 않다.
당신은 헤드폰을 써야 한다.
우리는 당신과 함께 최신 바이럴 영상을 보고 싶지 않다.
당신은 헤드폰을 써야 한다.
우리는 당신의 스카이프 통화의 양쪽을 다 듣고 싶지 않다.
당신은 헤드폰을 써야 한다(솔직히 한쪽이라도 듣고 싶지 않다. 아예 밖에 나가서 통화하는 걸 고려해 보자).
당신의 음악 취향이 정말로 흥미롭고 쿨할 수도 있지만,
그래도 헤드폰을 써야 한다.

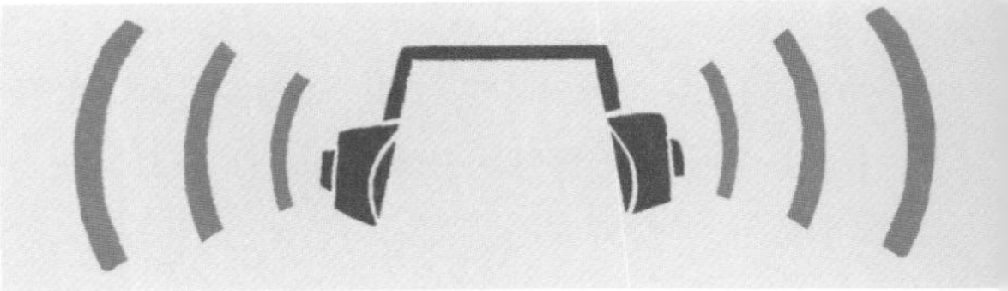

이건 정말 공공 예절의 문제다. 그리고 더 나아가서 존엄성의 문제다. 당신에게, 우리에게, 우리 모두에게 말이다. 커피숍의 공간을 공유하는 것은 특정한 사회적 행동유형을 증폭시킨다. 카페는 당신이 다른 어느 곳보다도 예의 바르게 행동하는 공간이어야 한다. 여기에는 당신의 거추장스러운 노트북 장비 일체(마우스 포함)를 들고 와서 쩍 벌남이 되어(이런 짓을 하는 건 언제나 남자들이다) 한 자리 이상을 차지하는 행위도 포함된다. 이미 충분히 무례하고, 누가 그걸 지적한다면 당신은 그걸 지적받아 마땅하다. 우리도 고양이 동영상을 좋아한다. 우리가 나중에 볼 수 있도록 고양이 동영상 링크를 보내줘도 괜찮다. 하지만 지금은 제발 자제하자. 공간 전체를 불편하게 만들지 말자. 추한 장면을 피할 수 있게 조언해 준 데 대해서는 우리에게 나중에 감사해도 되지만, 일단 지금은 제발 헤드폰을 착용하라.

소도시에서도
훌륭한 커피를 만날 수 있다

Attitude 40

소도시에서는
대도시와 비슷한
품질의 커피를
훨씬 저렴하게
즐길 수 있다.

소도시에도 언제나 카페는 존재해 왔지만, 오늘날처럼 처음 시작하는 커피 사업자가 원재료(특히 로스팅하기 이전의 고급 생두)를 쉽게 구할 수 있었던 적이 없다. 커피는 애초에 모두 에티오피아, 콜롬비아 등 1차 생산국에서 나온다[Attitude 2 참조]. 커피는 최종 목적지를 차별하지 않기에, 뉴욕 맨하탄 미드타운이든 캔자스주 미드타운시든 똑같다. 소도시에서는 대도시보다 훨씬 적은 비용으로 훌륭한 커피를 즐길 수 있다. 당신이 카페 주인이든, 잠시 들렀다 가는 손님이들, 열렬한 단골이든, 지역 사회와 긴밀하게 연결될 수 있는 기회는 놓치지 말아야 할 경험이다.

극히 일부분만 언급하자면, 오하이오주 칠리코트(인구 21,000명)에는 로스트 커피Rost Coffee가 있다. 미주리주

코틀빌(인구 3,000명)에는 VB 초콜릿이 있다. 매사추세츠주 입스위치(인구 13,570명)는 리틀울프커피Little Wolf Coffee의 고향이며, 위스콘신주 넬슨빌(인구 191명)에는 루비 커피 로스터리Ruby Coffee Roasters가 있다. 또 워싱턴주 포트 타운젠드(인구 9,000명)에는 새 벨로시티Velocity 매장이 생겼다. 이건 미국만의 일이 아니다. 스코틀랜드 시골의 자그마한 교구인 우드니에는 커피 아포테카리Coffee Apothecary가 있으며, 머나먼 페로 제도에는 브렐 카페Brell Cafe가 있다. 노르웨이 북부의 스티외르달 마을에는 진보적이고 훌륭한 커피 로스팅 회사인 랑괴라Langora가 있다. 큰 도시든 작은 마을이든 크게 다르지 않다. 우리 모두 좋은 커피를 원하며, 이 트렌드는 끝날 기미가 보이지 않는다.

커피바에서 바리스타와 함께 에스프레소를 마셔 보자

Attitude 41

바리스타는 수많은 역할을 수행하며[Attitude 33 참조] 당신의 단골집 바리스타 역시 여러가지 일로 바쁠 가능성이 크다. 그러나 카페가 너무 붐비지 않고 에스프레소 머신 근처에 앉을 수 있는 카운터석이 있다면, 에스프레소 한 잔을 주문해 바리스타 바로 옆에서 마셔 볼 가치가 있다. 바리스타와 대화를 나누거나, 에스프레소에 대한 의견을 전하거나 그 기회에 질문을 해볼 수도 있다. 좋은 커피바에서 일하는 바리스타는 언제나 자신이 제공하는 에스프레소를 시음하고 조금씩 수정하기 때문에 어쩌면 바리스타가 먼저 당신의 의견을 물어볼지도 모른다. 아직 커피에 대해, 또 당신의 취향에 대해 알아가는 중이라면 바리스타에게 에스프레소를 내리는 데 생긴 변수에 관한 정보를 얻을 좋은 기회다. 가벼운 대화를 나눠 보라. 커피 맛에 대해 이야기를 해 봐도 좋다. 바 건너편에 있는 바리스타와 인간적으로 교감할 기회다. 눈인사로 고마움을 표현해 보자.

가벼운 대화를 나눠 보라. 커피 맛에 대해 이야기해도 좋다.

(언제나 해야 하는 건 아니지만)
테이블을 정리하는 건 배려 있는 행동이다

Attitude 42

카페에서 마시고 난 뒤 음료잔을 정리하는 데 전 세계적으로 정립된 관습은 없다. 다만 카페에서의 경험을 마무리하면서 한번쯤 고려해 보면 좋을 것이다. 일단 주위를 둘러보자. 다른 테이블에 빈 잔이 놓여 있는가? 나중에 직원이 치울 수 있도록 마시고 난 잔을 놓아둘 수 있는 공간이 눈에 띄는가? 일부 문화권에서는 커피숍에서 직원이 테이블 시중을 드는 편이 일반적이다. 직원이 커피를 가져다 주었거나, 테이블로 다가와 주문을 받았는가? 헷갈린다면 그렇게 하지 말라는 표시가 없는 한 테이블을 정리해 주는 편이 좋다. 기억하자, 당신의 목표는 카페에서 최대한 예의바르고 배려 있게 행동하는 것이다.

일단 주위를 둘러보자. 다른 테이블에 빈 잔이 놓여 있는가?

가향 커피는 대부분 맛이 없는 편이다

Attitude 43

진보적인 카페에서는 석류, 체리, 레몬 버베나 향이 나는 커피를 찾아볼 수 있다. 이런 향미는 커피 자체에서 우러난 맛으로, 커피가 자라난 떼루아, 품종, 가공법, 보관, 로스팅 방식의 결과물이다. 이건 여기서 얘기하는 가향 커피와는 다르다.

우리가 가향 커피라고 부르는 건 일단 로스팅을 한 후 화학 결합 물질(프로필렌글리콜)과 천연 혹은 합성 착향료를 입힌 커피다. 대부분의 고급 카페나 로스터리에서는 가향 커피를 찾아볼 수 없다. 하지만 이건 어떤가? 어쩌다 가향 커피를 마시게 됐는데 마음에 들었다면? 문제없다. 우리가 커피 경찰도 아니고.

하지만 노파심에 한마디 하자면, 만약 당신이 가향 커피(바닐라이거나 혹은 심지어 타코맛! 예, 존재합니다)를 즐기기로 결심했고 집에서 그 커피를 추출하기로 했다면, 이후 다른 커피를 만들기 전에 장비와 도구를 확실히 청소해야 한다. 원두가 분쇄될 때 배어나오는 유분과 함께 맛이 부착될 수 있는 그라인더의 경우 더욱 그렇다. 당신이 가향 커피를 좋아한다면, 럼 버터 블렌드를 즐긴 대가로 그 정도 품은 들여도 되지 않겠는가. 우리의 경우 이따금 동부를 방문할 때 던킨도너츠에서 헤이즐넛 딜라잇을 사 오는 정도로 가향 커피에 대한 열망은 잠재울 수 있다.

뭐 어떻겠는가? 우리가 커피 경찰도 아니고.

카페 메뉴를 해독하는 건 간단하다

Attitude 44

커피는 드립커피와 에스프레소 커피, 크게 두 종류로 나뉜다고 생각해도 무방하다.

드립커피는 우리가 일반적으로 생각하는, 크림과 설탕을 타 마시는 그 커피다. 미국 전역의 식당, 은행, 주유소 및 타이어 서비스 센터에서 제공된다. 보통 퍼컬레이터, 바닥이 납작한 여과식 커피메이커, 큼지막한 상업용 대용량 커피메이커로 만든 커피를 드립커피라고 부른다.

세련된 커피바에서도 팔지만, 일반적으로 자동차 딜러 대합실에서 주는 커피보다는 훨씬 품질과 맛을 신경 써서 만든다. 요즘은 대용량 드립커피 메이커 외에도 다양한 싱글서브 기구를 이용해 한 잔 단위로 이런 커피를 마실 수 있다. 깔때기형 필터 커피, 에어로프레스, 케멕스, 사이펀, 심지어는 특정 지역에서 인기 있다는 우드넥 Woodneck 양말형 필터 커피 등등. 싱글서브 커피(보통 그냥 푸어오버라고도 하는)는 특정 산지에서 온 특정 품종의 커피를 맛볼 좋은 기회다. 이 경우 카페에서 제공하는 드립 메뉴가 있을 것이다. 이런 커피는 다양한 원두의 블렌드거나, 단일 지역(싱글 랏)에서 난 한 종류의 원두거나, 심지어는 단일 농장에서 난 커피일 수도 있다. 바리스타에게 문의하라.

우리 생각엔 그냥 당신이 마시고 싶은 걸 마시면 된다.

에스프레소 커피는 스타벅스 세대를 급성장시키고 라떼를 일반 용어로 만든 바로 그 커피다. 에스프레소가 주재료이며 에스프레소만 마실 수도 있다. 일반적으로 물과 섞어서 드립커피와 비슷한, 흔히 아메리카노라고 부르는 음료로 만든다. 뜨겁고 살짝 거품을 낸 우유와 섞으면 카푸치노, 라떼, 플랫화이트[Attitude 50 참조], 피콜로Piccolo, 코르타도Cortado, 지브롤터Gibraltar등이 만들어진다. 130~131쪽의 편리한 가이드를 참조하면 이 음료를 포함해 카페에서 만날 수 있는 에스프레소 음료에 대해 알아볼 수 있겠다. 모든 에스프레소 커피에는 가향 시럽을 첨가할 수 있다. 바닐라와 헤이즐넛이 특히 인기가 높으며 계절 메뉴로는 펌킨 스파이스 시럽이 선호된다. 많은 사람들이 시럽을 넣은 커피 음료를 좋아하지만 어떤 사람들은 순수주의자다. 우리 생각엔 그냥 당신이 마시고 싶은 걸 마시면 된다. 안 될 게 뭐 있나? 세상의 주인공은 당신이다. 우린 그냥 거기 같이 사는 거고.

커피바 메뉴

아메리카노

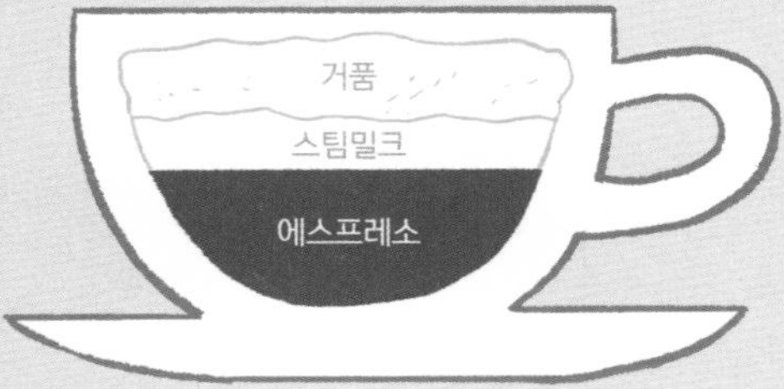

카푸치노

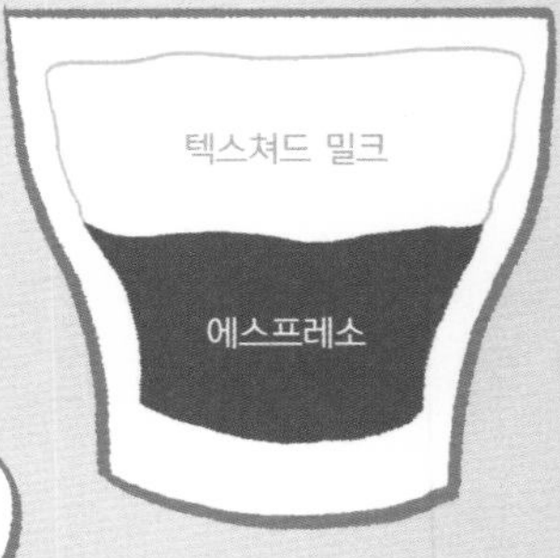

코르타도

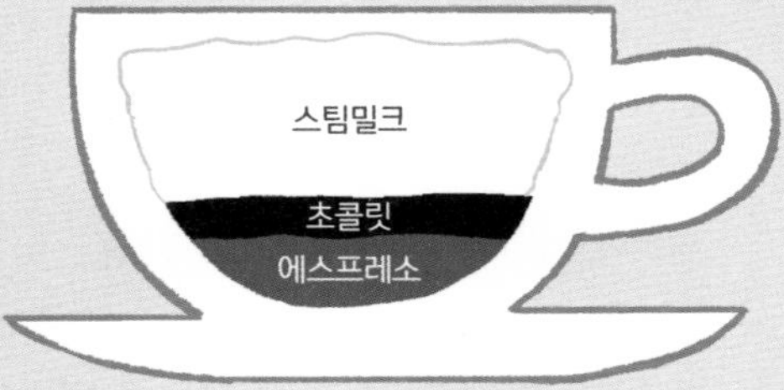

모카

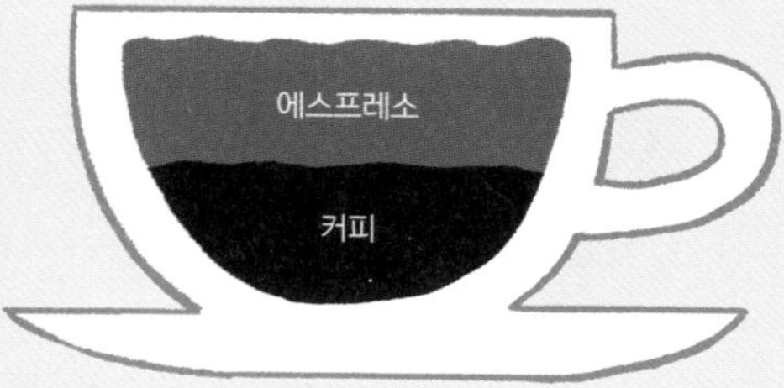

레드아이

마키아또

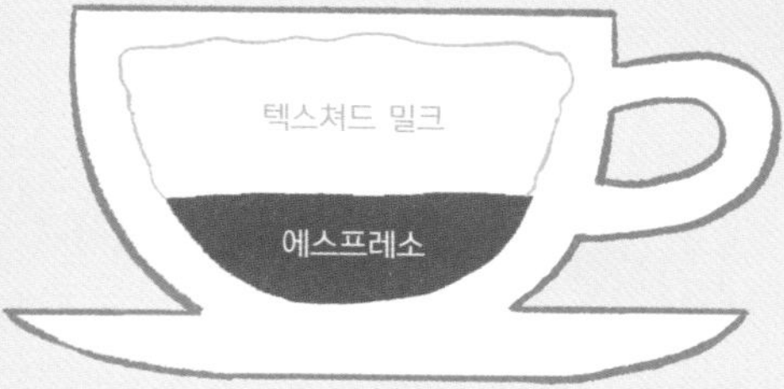

라떼

에스프레소

커피는 살짝 식혀 마시자

Attitude 45

테이크아웃 커피가 지배하는 세계에서, 초고온의 커피는 이상하게도 널리 퍼진 현상이다. 우리는 지나치게 뜨거운 커피가 그리 좋을 게 없다고 말하고 싶다.

김이 펄펄 나는 커피는 추운 아침에 따뜻한 위안이 될 수는 있겠지만, 조언하자면 조금 식혀 먹는 게 훨씬 낫다. 커피가 너무 뜨거우면 자신과 다른 사람에게 위험할 뿐만 아니라, 열이 향을 감지하는 우리의 능력을 약화시키기 때문에 거의 맛을 느낄 수 없다. 사람의 미뢰는 약 섭씨 48~60도의 온도에서 놀랍도록 커피의 복합적인 맛을 가장 잘 느낄 수 있다. 사실, 커피 전문가들은 커핑Cupping이라고 부르는 과정을 통해 커피를 평가하며 이때 상당히 많이 식힌 커피를 시음한다. 또한 많은 경우 커피가 차가워졌을 때 다시 맛보곤 한다. 열은 우유에 함유된 당질을 분해하기 때문에 아주 뜨거운 카푸치노는 가능한 만큼(어쩌면 권장되는 것만큼) 달콤하지 않을 것이다!

커피 전문가들은 커피가 상당히 식은 후에 커피의 맛을 평가한다.

둘째로, 뜨거운 음료는 실제로 매우 위험하다. 사람들은 1990년대 초 스텔라 리벡이라는 사람이 뜨거운 맥도날드 커피를 쏟았을 때 그녀가 뜻하지 않게 미국법상 불법행위 보상 청구를 둘러싼 치열한 논쟁을 시작했다는 것만 기억한다. 그녀가 심각한 2도, 3도 화상을 입었다는 사실을 많은 사람들이 놓쳤다. 커피를 아주 뜨겁게 해달라고 요청하지도 않았는데 말이다!

셋째로, 당신이 뭐라고 음료를 뜨겁게 해달라 말라 요청하는 건가? 농담, 농담이다. 우리가 뭐라고 당신이 매우 뜨겁고 맛없는 커피를 좋아하는 데 훈수를 두겠는가? 당신은 좋을 대로 하면 된다. 다만 조심해서 다니자.

매우 뜨거운 커피를 마시는 건 커피의 풍미를 최대한 맛볼 수 있는 경험을 해칠 뿐더러 입이나 그 외의 피부에 화상을 입힐 수도 있다. 따라서 안전과 즐거움을 위해서 커피를 식혀 마시도록 하자.

우유의 출처는 중요하다

Attitude 46

"실례합니다. 제 카푸치노에 들어간 우유를 생산한 소의 이름이 뭐죠?"

우스꽝스러운 질문이라고 생각하는가? 맞다. 그러나 이 질문에 주저 없이 대답할 수 있는 바리스타도 있다. 2013년 세계 바리스타 챔피언십 무대에서[114페이지 참조] 호주 챔피언 맷 퍼거Matt Perger는 프레클스와 블로섬이라는 이름을 가진 영리한 젖소 두 마리가 목초를 뜯는 습관에 대해 설명했다. 이듬해 빅 이스턴 바리스타 대회Big Eastern Barista Competition에서 제나 고트헬프Jenna Gotthelf는 그녀의 카푸치노에 들어간 우유를 제공한 하이론목장High Lawn Farm의 '소의 놀라운 라이프스타일'을 묘사했다.

소규모 농장들은 카페나 로스터리와 함께 커피를 위해 특별히 만든 우유를 개발하고 있다.

커피 전문가들은 우유의 품질에 초점을 맞추고 있으며 전 세계의 유제품 회사에서는 이 사실에 주목하고 있다. 전 세계 곳곳의 소규모 농장들은 카페나 로스터리와 함께 커피를 위한 특별히 만든 우유를 개발하고 있다. 어떻게? 목초지에서 방목하는 방식, 젖소의 식이 조건과 환경을 바꾸는 것으로 우유의 화학적 구성에 영향을 미칠 수 있다는 것이다. 이로써 커피와 잘 어울리는 향미 프로파일을 가졌거나, 지방과 단백질 구성이 달라서 스팀을 치기 쉽고, 따라서 더욱 부드러운 카푸치노와 라떼를 만들

수 있는 우유를 생산할 수 있다.

이런 식으로 정밀하게 초점을 맞추는 것은 대규모 우유 회사에서는 불가능하다. 큰 낙농 협동 조합은 일관된 제품을 만들 수 있지만, 소규모 농장일수록 흥미로운 우유 맛을 추구할 수 있다. 샌프란시스코에서 마셨던 끝내주는 카푸치노가 기억에 남는가? 특별한 우유를 사용했을 수 있다.

그것이 바로 밀키 웨이The milky way다.

우유 대체품도 맛있다

Attitude 47

커피는 현대의 음식 트렌드와 함께 가는 편이며 심지어는 일종의 탄광 속 카나리아 역할을 할 수도 있다. 우리는 어느 때보다도 음식 알레르기에 민감한 사회에 살고 있으며, 두유가 제공되는 카페가 늘어가는 것도 이 덕분(혹은 당신이 생각하기에 따라서는 '이 탓')이다.

스타벅스를 비롯한 여러 프랜차이즈에서 제공되기 시작한 이래, 두유soy하면 소이 라떼가 떠오르게 되었다. 안타깝게도, 에스프레소와 섞인 스팀 두유는 상당히 맛없다. 질감도 나쁘고 커피가 두유 풍미에 묻혀 버린다. "내가 무슨 죄를 지었길래 이런 밍밍한 소이 라떼를 마시게 된 거지?" 물을 수도 있겠다. 다행히 커피가 우유 대체품과 어떻게 어우러질 수 있는지에 대한 우리에 이해는 크게 발전했다. 오늘날 우리는 각종 견과류나 씨앗으로 만든 우유 대체품의 황금기에 살고 있으며, 바리스타와 커피 애호가들은 이런 제품이 적어도 스팀밀크 형태로 커피와 섞일 경우 두유보다 훨씬 맛있다는 데 동의한다.

우리는 각종 견과류와 씨앗으로 만든 우유 대체품의 황금기에 살고 있다.

아몬드, 피칸, 오트 밀크를 포함하여 대형마트에서 구할 수 있는 우유 대체품은 굉장히 많다. 카페에서 사용되는 우유 대체품은 맛이 훨씬 더 풍부하다. 최근 LA카페를 대상으로 실시한 비유제품 밀크 조사에 따르면, 미국의 많은 일류 커피숍 젤리나Gjelina, 고 겟엄 타이거Go Get

Em Tiger, 바나인Bar Nine 등 에서는 자체적으로 견과류를 짜내 우유 대체품을 만들고 있으며 히말라야 핑크솔트와 대추야자 퓌레와 같은 재료를 사용해 다양한 맛을 내고 있다.

우리는 어떻냐고? 라떼를 그렇게 즐기지 않지만(물론 가끔 마시는 모카는 좋다[Attitude 51 참조]) 수제 견과류 밀크의 세계를 탐구하는 건 좋아한다. 이를테면 에스프레소, 탄산수 그리고 약간의 견과류 밀크를 서로 다른 잔에 담아 마시는 것이다. 시애틀의 슬레이트 커피Slate Coffee에서 2012년에 개발한 해체주의적 라떼와 유사하지만 양이 더 적고 우유 대체품을 사용하는 식이다. 헤이즐넛 대추야자 밀크를 묵직하니 맛좋은 에스프레소 블렌드와 같이 내어 보자. 에스프레소 한 모금을 머금고 견과류 밀크를 한 모금 마시면…, 맛있다! 각 음료의 단맛과 복잡한 질감이 서로 기분 좋게 어우러진다. 마지막에 탄산수로 깔끔하게 마무리하고, 행복해질 때까지 반복하라.

첨가물은 권리다

Attitude 48

2010년대 초반에 잠깐 첨가물을 배척하는 커피숍이 유명했지만, 이 중 대부분은 사라졌다. 잘난체 하는 자칭 애호가들이 첨가물(커피 문화에서는 우유, 크림, 설탕 등 감미료, 심지어는 라떼에 들어가는 가향 시럽 [Attitude 43 참조] 등을 가리킨다)이 나쁘다고 하는 말을 귀담아 듣지 말자. 스프럿지에서는 그 누구에게도 커피를 어떻게 마셔야 하는지 정해주지 않는다. 우리 솔직해지자. 가끔은 아무 것도 안 넣고는 도저히 마실 수 없는 커피도 있다. 다크 로스트 커피에 크림과 설탕을 약간씩만 넣어도 슬픈 컵이 행복한 컵으로 변할 수 있다. 계피는 어떨까? 말할 것도 없다!

많은 문화권에서 크림 혹은 설탕과 같은 첨가물은 커피를 경험하는 데 필수적인 부분이다.

크림이나 설탕 같은 첨가물은 애초에 커피의 일부분인 지역도 많다. 밀라노의 전통적인 에스프레소바에서 에스프레소를 주문하면 설탕 한 봉을 함께 주며, 당연히 설탕을 타 마셔도 된다. 베트남의 커피 문화에서는 연유층 위에 드립커피를 바로 내리는 카페쓰어다Cà phê đen đá가 흔한데, 한 번도 마셔 본 적 없다면 적극 추천한다. 중동 일부 지역에서는 커피를 끓이기 전에 카다멈Cardamom을 함께 섞어 갈며, 쿠바에서는 포터필터에 미리 커피와 함께 비정제 설탕을 넣고 에스프레소를 내려서 달게 마시기도 한다.

이 전통들 중 어느 것도 틀리거나 나쁘지 않다. 사실 그들은 모두 아주 맛있다. 그러나 인생의 모든 것들과 마찬가지로, 약간의 타협이 도움이 될 때가 있다. 뉴욕이나 도쿄의 고급 커피바에 있다면 첨가물을 더하기 전에 커피가 나온 그대로 마셔 보는 게 좋다. 그렇게 하면 취향에 맞춰 커피를 조절하기 전에 먼저 음료 자체를 맛볼 수 있다. 누가 알겠는가? 잘 만들어진 라떼나 드립커피라면 첨가물을 더할 필요도 없이 이미 자연스럽게 달콤한 맛을 낼 수도 있다.

크림과 설탕 없이 마시는 커피가 충격적으로 맛있을 수 있다

세계 각지에서 다양한 커피라 우수한 품질로 생산되어 신중하게 로스팅 과정을 거쳐 전문가의 손으로 추출된다. 장인의 손이 닿은 여타 식음료와 마찬가지로 공급망의 모든 단계에서 조심스럽게 관리된 커피로 만든 음료는 당신의 인생을 바꿔놓을 수도 있다. 인생이 바뀌지는 않더라도 무척 맛있는 건 가능하다.

이런 커피에는 아무것도 필요치 않다. 따라서 커피가 얼마나 맛있는지 느끼고 고맙게 여기는 손님 외에는 크림도, 설탕도, 그 어떤 것도 필요 없다. 세련된 커피바에 가서 커피를 주문했다면, 일단 아무 것도 추가하지 않고 한번 맛을 보라. 무슨 맛이 나는지 의식하고, 취향에 맞는지 가늠해 보자. 그런 다음, 당신이 원하는 맛을 내기 위해 약간의 크림 또는 우유가 필요하거나 설탕을 한 꼬집 넣으면 딱 좋을 것 같다면, 그때는 얼마든지 그렇게 하자.

Attitude 49

공급망의
모든 단계에서
조심스럽게 관리된
커피로 만든 음료는
당신의 인생을
바꿔놓을 수도 있다.

플랫화이트라는 건 없다

Attitude 50

플랫화이트는 호주의 어느 바리스타가 발명했다. 아니, 뉴질랜드였던가? 많은 사람들이 확신하고 또 보증하지만 다들 틀렸다. 플랫화이트라는 것은 없기 때문이다. 플랫화이트는 잘못된 명칭이며 오류다. 에스프레소와 스팀밀크를 섞어서 입에 착 붙는 재미있는 이름을 붙인 물건으로 불행하게도 오늘날에는 전 세계의 바리스타들이 알아들어야만 하는 메뉴가 되었다. 오세아니아에서 온 별 가치도 의미도 없는 수입품이다. 커피 음료계의 (호주 출신 래퍼로 실력에 대한 논란이 있는) 이기 아잘레아Iggy Azalea다.

당신은 이렇게 반문할지 모른다, "하지만 플랫화이트는 특정한 종류의 에스프레소 스팀밀크 음료라고!", "원 샷이 아니라 투 샷이라고!", "거품층은 얇다고!" 혹은 "없다!"(이건 사람에 따라 답이 다르다), "그리고 진짜 플랫화이트는 꼭대기에 볼록하게 뭉친 폼이 있다고, 스타벅스에서 본 것처럼!"

코르타도, 피콜로 혹은 SG-120 라는 이름으로도 알려져 있다.

코르타도cortado, 피콜로piccolo 혹은 SG-120라는 이름으로도 알려져 있다. 사실상 이것은 두 가지 재료를 섞어 만든 것으로 그 양, 비율, 우유의 질감은 천차만별이고 이름도 이것저것 다양하며 담기는 용기도 별다른 공통점이 없다. 플랫화이트는 비슷비슷한 음료에 붙는 많은 이름 중 하나일 뿐이다. 개념으로만 존재할 뿐, 실존하는 음료

레시피라고 볼 수 없다.

세상 어디서 커피를 마시게 되든, 어느 카페에 들어가든, 가장 좋은 방법은 메뉴를 읽고 그 카페에서 제공되는 음료를 발견하는 것이다. 당신이 기대했던 플랫화이트 혹은 코르타도 혹은 지브롤터를 찾지 못했다면 이 기회에 새로운 발견을 해 보자. 혹은 바리스타에게 정중히 당신이 플랫화이트라고 믿고 있는 그 빌어먹을 것을 만들어 달라고 하거나. 다만 그 결과 바리스타가 당신에게 건네주는 것은 작은 라떼와 별반 다를 바 없다는 걸 알아두라. 애초에 당신이 요구했던 게 그거다.

잘 만든 모카는 아름답다

Attitude 51

매일 즐길 만한 것은 아니다. 하루 걸러 한번도 아니다. 하지만 어쩌다 한번, 분위기가 맞고 상황이 받쳐 주면 우리는 커피 음료 중에서도 가장 사치스러운 그것을 즐기기로 한다. 바로 모카 말이다.

오! 벨벳처럼 부드러운 우유가 코코아와 춤을 춘다. 와우! 에스프레소의 질감과 초콜릿의 깊이가 녹아들어 부드러운 생명수로 다시 태어난다. 눈 깜짝할 새 모카를 다 마셔버린다. 남은 건 너무 빨리 사라진 초콜릿맛 행복이 담겼던 텅 빈 커피잔 뿐이다.

물론 모든 모카가 평등하게 훌륭한 것은 아니다. 당신이 돈을 좀 더 쓰고 (좋은 모카는 약 5천 원) 칼로리를 더 감수할 거라면 (우리가 예찬하는 모카는 400칼로리 정도는 된다) 그 값을 하는 모카를 마셔야 마땅하다. 좋은 초콜릿은 좋은 커피와 같다. 실존하는 사람들에 의해 재배되고, 글로벌 상거래의 놀라운 네트워크를 통해 전 세계로 수출되며, 커피나 와인, 치즈에 비교하여 결코 뒤떨어지지 않는 놀라운 맛을 표현할 수 있다. 우리는 합성 초콜릿향 시럽으로 범벅되고 화학 물질로 걸쭉하게 만든 출처가 불분명한 공장 포장 제품을 찾는 게 아니다.

오! 벨벳처럼 부드러운 우유가 코코아와 춤을 춘다.

그러니 당신이 이왕 사치를 부릴 거라면, '진짜' 맛있는 모카를 파는 가게를 찾아내야 할 것이다. 무슨 말이냐 하면, 평판 좋은 쇼콜라티에에게서 고품질 초콜릿을 납품받는 카페 말이다. 캘리포니아의 딕테일러 공예 초콜릿Dick Taylor Craft Chocolate, 미주리주의 아스키노시 초콜릿Askinosie Chocolate, 영국의 펌프 스트릿 베이커리Pump Street Bakery와 같은 인정받은 초콜릿 브랜드들은 카페와 협력하여 최고의 초콜릿 모카를 생산하고 있다. 이런 모카는 우유와 에스프레소에 분말 혼합물을 섞어 제조된다. 몇몇 카페는 한 걸음 더 나아가 수제 가나슈를 만들기도 한다. 초콜릿바를 녹여 우유와 에스프레소에 섞는 것이다. 더 알아보고 싶다면 좋아하는 카페에 모카를 어떻게 만드는지 물어보라.

존경받는 노련한 바리스타가 (가까운 목장에서 얻은 맛있는 우유로) 만든 모카는 황홀한 음료다. 당신이 사는 도시의 일류 카페에 있는 바리스타들은 가게에서 사용하는 초콜릿에 대해 말하길 주저하지 않을 것이며 당신이 물어봐 주는 걸 기쁘게 생각할 것이다. 좋은 음료를 제공하기 위해 품을 들이는 카페는 마땅히 그 노력을 자랑스럽게 여긴다.

자신의 행동에 책임을 지지 않아도 되는 천국에서는 하루에 세 번씩 진짜 모카를 마셔도 된다. 하지만 여기 지구에서 모카는 특별한 주말 아침을 위해 아껴놓는 선물이다. 기다리는 보람도 있고 말이다.

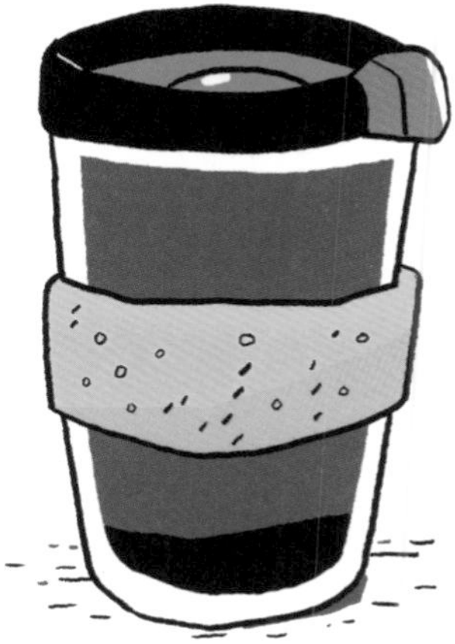

4

A NEW FUTURE

새로운 미래를 위하여

커피는 (아마도) 건강에 좋다

Attitude 52

스프럿지의 편집실에서는 거의 매주 새로운 연구 결과를 접하는 듯하다. '커피는 뇌파를 안정화시킨다!', '커피가 망막 손상을 일으킬 수 있다', '커피는 삶을 연장시킬 수도 있다!', '커피는 죽음을 초래한다' 등 끊임없이 연구 결과가 보고되고, 서로 상반되는 정보의 홍수 속에서 커피러버들은 일종의 데이터 문맹을 경험하게 된다.

적어도 이게 새로운 현상은 아니라는 게 위안이 될까. 커피가 건강에 미치는 영향에 대한 상충되는 견해는 적어도 16세기까지 거슬러 올라간다. 당시 중동 지역의 당국은 커피가 추잡한 행동과 비정상적인 성행위를 유발한다고 생각했다. 17세기 런던의 커피 전문점 주인들은 커피를 일종의 만병통치약으로 홍보했다. 위장염, 괴혈병 및 통풍을 완화시키고 심지어는 출산을 도울 수 있다고 주장한 것이다. 이후 20세기에는 커피가 학업 성취를 낮출 수 있다거나, 성장을 저해한다거나, 혈압을 엉망으로 만들 수 있다는 주장이 등장했다. 21세기 초반인 지금 새로운 연구(및 연구에 대한 연구)에 따르면 커피는 (충분히 마신다면) 뇌졸중을 예방할 수 있다. 간암, 전립선 암, 심장병, 심장 마비 등도 마찬가지다.

16세기에 정부당국은 중동의 커피 하우스에서 추잡한 행동과 비정상적인 성행위를 일으킨다고 경고했다.

이 책을 쓰는 사이에 더 많은 연구가 발표될 것이다. 커피와 관련한 연구는 끝없이 보고되는데, 과학자들에게 대단히 매력적인 주제인 듯하다. 우리는 과학자들이 무언가 몸에 좋다 나쁘다 하는 것을 믿으라고 해야 할지는 잘 모르겠다. 따뜻한 커피잔을 비우고 마음의 평화를 찾거나 아침 근무를 버티기 위해 커피를 통해 각성효과의 힘을 빌렸다면 당신은 이미 커피의 이점을 아는 셈이다. 때로는 이런 문제에 대해 당신의 직관을 믿는 게 좋다. 우리로 말할 것 같으면, 커피는 확실히, 절대적으로 이롭다 (아마도).

코피 루왁은 문제적이다

때는 2007년. 영화제작자 롭 라이너의 〈버킷 리스트〉가 크리스마스 날 개봉했다. 코미디 장르의 매력적인 버디물 영화였지만, 커피 전문가들에게는 불행히도, 라이너는 이 영화를 통해 코피 루왁을 널리 알렸다. 이 영화에서 모건 프리먼은 잭 니콜슨에게 동남아시아에 사는 족제비와 비슷한 동물인 사향고양이가 소화한 값비싼 커피인 코피 루왁을 소개한다. 그들은 크게 한번 웃고 이윽고 니콜슨이 연기하는 인물은 코피 루왁을 들이켠다.

그 운명적인 영화가 나온 이후 코피 루왁Kopi Luwak은 대중의 상상 속에서 상당히 비대한 위치를 차지해 왔다. 실로 전 세계의 택시나 비행기에서 다른 사람들에게 우리가 커피 업계에서 일을 한다고 소개하면 가장 먼저 나오는 질문은 "그 고양이, 족제비, 사향고양이 똥 커피도 마셔봤어요?" 이다. 대답하자면, 그래, 몇 종류 마셔봤다. 그리고 전부 실망스러웠다.

코피 루왁은 물이나 열이 아니라 동물의 소화기관을 통해 처리되는 커피다. 보통은 인도네시아에서 루왁이라고 부르는, 앞서 설명한 사향고양이가 이 커피를 소화시킨다. 그리고 실제로 야생 사향고양이들이 커피체리를 맛있게 먹고 농부들이 신나게 그 배설물에서 소화되지 않은 커피 씨앗을 수확하는 모습도 볼 수 있다. 이 커피열매 씨앗은 로스팅되어 1파운드, 약 500그램에 30만 원이 넘는 가격으로 팔리기도 한다.

그러나 이 이야기는 코피 루왁을 생산하는 데 전반적인 현실을 반영하지 못한다. BBC를 비롯한 여러 단체의 조사관들에 따르면, 많은 코피 루왁 생산자들이 사향고양이를 비좁은 우리에서 사육하며, 썩 좋지만은 않은 커피체리를 강제 급여한다. 이건 심각한 동물권 문제일 뿐더러 이렇게 생산되는 커피도 별로 좋지 않다. 푸아그라를 만드는 데 동원되는 위관(위에 삽입된 고무관 등으로 강제적으로 영양을 공급하는) 관행과는 반대된다고 볼 수도 있겠다. 이 경우 무척 잔인하지만 결과물은 맛이 좋지 않은가. 코피 루왁은 그마저도 없다. 불필요하게 잔인하고 불결하며 말도 안 되는 상술이다. 우리가 롭 라이너Rob Reiner를 사랑하긴 하지만(특히나 90년대 초 〈시애틀의 잠 못 이루는 밤〉 시절 '귀여운 엉덩이' 롭 라이너라면 더 좋다) 그의 영화가 코피 루왁을 언급하지 않았더라면 좋을 뻔 했다.

코피 루왁을 구입하는 걸 추천하지 않는다. 그만큼 특이하게 생산되지는 않더라도 당신의 미뢰와 아무것도 바란 적 없는 불쌍한 동물들에게 훨씬 좋은 고급 커피가 세상에는 얼마든지 있다.

커피는 세상 모든 미식의 관문이다

Attitude 53

누군가에게는 그저 갈색 액체로만 보이는 이 음료가 커피러버들에게는 맛과 향이 폭발하는 총천연색 음료가 된다.

커피를 사랑하는 법을 배우는 건 쉽다. 그리고 맛있고, 보다 넓은 장점이 있다. 어떤 것은 예상 가능하고, 다른 것은 좀더 오묘하다. 그러나 커피 뒤에 있는 몇가지 뉘앙스(맛 스펙트럼과 그 방법, 커피의 세계 여행, 과정의 모든 단계에 관여하는 장인들)에 대해 생각해 보면 좀더 큰 그림의 존재를 의식하게 된다. 누군가에게 한 잔에 담긴 갈색 액체일 뿐이지만, 커피를 사랑하는 사람에게는 온갖 맛과 향이 어우러진 총천연색의 음료다. 그 음료는 향미를 빚어내는 수천 가지 변수들의 복잡한 표현으로 느껴진다. 커피는 사랑에 빠지기 쉬운 동시에 한없이 복잡하다. 일생을 바칠 수 있을 만큼 깊은 세계다.

그러나 커피러버로 거듭나는 동안 당신은 무의식적으로 당신의 두뇌와 미뢰를 섬세한 감각 경험에 맞춰 재설정한다. 커피를 사랑한다는 것은 다른 다양한 고급 식음

료의 폭넓은 맛과 표현에 빠져들기 위한 입문 단계와도 같다. 커피가 특정 지역이나 장소의 맛을 표현하는 데 매력을 느끼는가? 이런 매력을 알아보는 재미를 이를테면 치즈에 적용해 보라. 소규모로 치즈를 만드는 사람들은 대대로 길러온 소, 염소, 양 품종을 가지고 작업하므로 지역 전통이나 장소가 가진 느낌을 뚜렷하게 표현할 수 있다. 혹은 커피의 감미로운 실용성, 즉 맛도 좋고 카페인의 부드러운 각성 효과가 맘에 들었는가? 그렇다면 차를 마셔 보라. 다양한 풍미와 표현을 자랑하는 음용법과 깊이가 엄청난 재배 및 가공 방식을 경험할 수 있을 것이다. 현재 미국에서의 소규모로 재배되는 차를 접할 수 있는 경로는 다양해졌다. 시카고의 킬로그램 티Kilogram Tea, 스피릿 티Spirit Tea, 샌프란시스코의 송 티Song Tea와 같은 브랜드는 미국에서 고품질의 차를 취급하는 선구자적

브랜드 중 일부에 지나지 않는다. 맛있는 커피를 좋아한다면 당신은 이미 차의 세계에도 빠질 준비가 되었다. 부연할 수도 있겠지만 차에 대해 나온 책이 많다.

우리에게 있어 커피는 특히 와인으로 입문하는 통로가 되어 주었다. 지리를 사랑하는 사람에게 있어 와인은 커피와 견줄 만한 만족감을 주며, 커피처럼 와인 역시 사교적인 음료이고, 바닥 없는 지식의 깊이를 제공한다. 더불어 와인 역시 커피처럼 심사숙고하지 않아도 쉽게 즐길 수 있고 즐기는 방법이 정해져 있지 않다. 그러나 우리는 커피를 통한 수년 간의 훈련 그리고 취미로나 직업으로나 많은 시음 경험과 집필 이력이 우리가 와인 애호의 세계로 진입할 때 큰 자산이 되었다는 걸 안다. 콜롬비아산 세로 아줄 게샤Cerro Azul gesha원두와 아이다 바틀 씨의 유명한 엘살바도르 산지인 핑카 킬리만자로Finca Kilimanjaro산 버본 원두 사이의 미묘한 차이를 감지할 수 있다면, 쉬라와 리슬링의 명백하고 뚜렷한 향미 차이는 당신에게 어렵지 않게 다가올 것이다.

커피 사랑은 세상에 존재하는 수많은 맛있는 것들을 사랑하게 되는 관문이나 다름없다는 점에서 초기약물에 비유했다. 결국 사람은 커피만으로는 살 수 없지 않은가(시도해 보지 않은 건 아니지만).

커피도 당신을 사랑한다

Attitude 54

커피는 인내심 강하고 친절한 존재다. 커피는 질투하지 않고 자랑하지도 않으며 오만하지도 않다(커피는 무례하거나 이기적이지 않으며 다른 사람들에게 화를 내지 않는다. 비록 당신이 커피를 맛보지도 않고 크림과 설탕부터 넣으면 바리스타는 화를 낼지도 모르지만. 커피는 이미 지난 실수에 연연하지 않는다. 커피는 악행을 즐기지 않으며 진리를 축복한다. 커피는 모든 것을 겸허히 받아들인다). 국도휴게소에서 얼른 마시는 커피부터 20분짜리 푸어오버 경연에 이르기까지.

커피는 끝나지 않는다(그냥 더 많이 만들면 된다). 우리 자신에 대해, 완벽한 추출 비율에 대해, 끊임없는 호기심을 불러일으키는 지적 선물이다. 그러나 완벽한 커피 지식은 없다. 오직 스쳐지나가는 완성의 순간만이 있을 뿐이다(천상의 풍경을 환기하며, 조용히 속삭이는, 영원히 기억할 만한 순간들. 커피 속에서 우리는 거울에 비추어 보듯 어렴풋한 반사상을 본다). 그것은 불완전하고 복잡하다. 언제나 커피의 일부분만 알 수 있을 뿐, 완전히 이해할 수는 없다.

영원히 계속되는 것들이 있다. 희망, 사랑, 커피, 이중 최고는 사랑으로 분명 커피가 두 번째다. 어쩌면 선택하는 것은 불가능하다. 이것들은 영원한 고리처럼 서로 비웠다가 채우고, 넘치도록 또 채우는지도 모른다. 우리는 그 가운데 당신이 커피를 사랑하기를 바란다.

영원히 계속되는 것들이 있다: 희망, 사랑, 그리고 커피.

커피는 세상을 구한다

Attitude 55

커피는 더욱 다양해지고 있고 더 많은 사람을 포용하고 있다.

식민주의, 자원 착취, 불평등한 세계 무역, 그외 끔찍한 것들이 커피와 불가분의 관계로 묶여 있다는 걸 완전히 묘사하기란 어렵다. 커피의 서사는 부유하고 힘센 무역상과 정치인들(언제나 남성, 거의 언제나 유럽인)이 개략적인 세계지도를 펼쳐 놓고 경제 작물(다른 작물을 심었을 때 보다 더 많은 소득을 올리는 작물, 소위 돈벌이가 되는 작물)목록을 살펴보며 "흠, 이걸 여기 심자" 고 할 수 있었던 시대의 잔재다.

이것은 느리지만 확실히 변하고 있다. 커피 생산자는 단순히 농부가 아닌 장인으로 간주되고 있다. 커피 거래의 불평등에 대한 인식은 원산지 가격 인상, 지속 가능성 및 인프라 개발 개선, 커피의 오랜 여행(그리고 그 여정 동안 커피에 보태는 수많은 손길들)에 대한 인식 증가로 이어지고 있다.

이러한 문제를 중요시하는 새로운 지도자와 목소리가 커피 업계에서 대두되고 있다. 커피는 더욱 다양해지고 있고 더 많은 사람을 포용하고 있다. 우리가 함께 살아내고 있는 더 넓은 사회적, 세대적 변화를 본딴 작은 소우주와도 같다. 격화되는 인종차별과 부끄러운 대통령에도 불구하고 말이다. 커피는 세상을 더 좋게 만들 수 있다. 동시에 맛좋은 커피로부터 에너지를 얻은 이 세계가 더 좋은 곳으로 변하는 과정에 대한 소규모 교향곡이기도 하다.

EPILOGUE 에필로그

우리는 가족, 부모님, 사라 미켈만과 도로시 미켈만, 로스 마티니, 앤 골드버그, 에밀리 팀버레이크, 텐 스피드 프레스Ten Speed Press의 리사 슈넬러 비저, 우리의 언어에 생명을 불어넣은 예술가 켈시 로튼, 기술적인 도움을 준 매튜 패트릭 윌리엄스, 우리를 믿어 준 테리 Z, 2009년에 20달러를 꿔준 드웨인 소렌슨, 브루메어Brumaire에서 운명적인 소개를 시켜준 알레코 치구니스, 잭 캐드월라더, 로빈 브렘즈, 리즈 클레이튼, 게일 오하라, 마이클 라이트, 어윈 척, 알제이 조셉 그리고 스프럿지의 모든 사람들, 정키 버니, 킴벌리 클락, 머피 맥스웰, 샘 피닉스, 케이티 카굴리오, 앤드루 다데이, 조나단 루빈스타인, 스콜 굴리엘미노, 헬렌 러셀, 브룩 맥도넬, 제임스 프리먼, 아나스타샤 초반, 코시모 리바르도, 브랜트 커티스, 제프리 영, 루도빅 로시뇰, 브렛 캐논, 미셸 존슨, 로 탐, 미스티 컴비, 우리의 유능한 사진사 제레미 헤르난데즈, 니콜라스 조, 올리버 스트랜드, 에밀리 요시다, 하우스 오브 인투이션House of Intuition, 루 와인Lou Wine의 루 암두르, 이 책이 제작되는 동안 카페인을 공급해준 마루 커피Maru Coffee와 고 겟엄 타이거Go Get Em Tiger, 지난 십년 간 스프럿지에 있으면서 우리를 자기 집 소파에서 재워 준 모든 분들 하지만 그중에서도 패트릭 베닝, 파이르 윌슨, 켈시 워드로, 유주얼Usual의 차르와 존, 그리고 워싱턴주 타코마시에 감사를 보낸다.

INDEX 인덱스

ㅌ

ㅍ

ㅎ

커피에 대한 우리의 자세

현대인을 위한 커피 가이드북

초판 1쇄 2019년 3월 20일
3쇄 2021년 11월 1일

지은이 조던 마이클먼, 재커리 칼슨
일러스트 켈시 로텐
옮긴이 김유라

편집장 김주현 | **편집** 성스레 | **디자인** 김주리 | **제작** 이기성
마케팅 사공성, 강승덕, 황재아

발행처 북커스
발행인 정의선
이사 전수현
출판등록 2018년 5월 16일 제406-2018-000054호
주소 서울특별시 종로구 평창30길 10
전화 편집 02-394-5981~2 영업 031-955-6980

값 15,000원
ISBN 979-11-964319-8-3-14590
979-11-964319-7-6 (세트)

* 북커스(BOOKERS)는 (주)음악세계 임프린트입니다.